热带海洋牧场丛书

丛书主编／王爱民

# 三亚蜈支洲岛珊瑚礁的现状、生态修复及保护对策

李秀保 李元超 许 强 等／著

科学出版社
北京

## 内 容 简 介

本书阐述了三亚蜈支洲岛珊瑚礁生态系统的生物多样性和分布。其中，造礁石珊瑚 13 科 40 属 90 种，多孔螅 2 种；海参 11 种，海胆 7 种，海星 5 种，砗磲 2 种，海螺 8 种；珊瑚礁鱼类 33 科 52 属 75 种。书末为所述大部分海洋生物配有彩色实拍照片，便于图文对照。本书还系统分析了珊瑚礁退化的原因，介绍了在三亚蜈支洲岛开展的珊瑚礁生态修复工作，最后提出了保护对策与修复建议。

本书可供国内外从事海洋生物学、海洋生态学等研究领域的科研人员及高等院校有关师生使用，还可供对珊瑚礁感兴趣的读者参阅。

#### 图书在版编目（CIP）数据

三亚蜈支洲岛珊瑚礁的现状、生态修复及保护对策/李秀保等著. —北京：科学出版社，2019.10

（热带海洋牧场丛书/王爱民主编）

ISBN 978-7-03-062670-7

I. ①三… II. ①李… III. ①珊瑚礁－生态环境－环境保护－研究－三亚市 IV. ①P737.2

中国版本图书馆 CIP 数据核字(2019)第 233633 号

责任编辑：郭勇斌　彭婧煜　黎婉雯/责任校对：杜子昂
责任印制：师艳茹/封面设计：黄华斌

#### 科学出版社 出版
北京东黄城根北街 16 号
邮政编码：100717
http://www.sciencep.com

**艺堂印刷（天津）有限公司** 印刷
科学出版社发行　各地新华书店经销

\*

2019 年 10 月第 一 版　开本：720×1000　1/16
2019 年 10 月第一次印刷　印张：6 3/4　插页：16
字数：135 000

**定价：78.00 元**

（如有印装质量问题，我社负责调换）

# "热带海洋牧场丛书"编委会

主　编：王爱民

编　委（按姓氏笔画排序）：

　　　王凤霞　许　强　李　艳

　　　汪国庆　张　珊　莫文渊

　　　顾志峰　高　菲　程　静

# 丛 书 序

　　海洋是地球生命的摇篮，海洋占据了地球表面积的71%，是人类赖以生存的重要空间，也是人类获取优质蛋白的"蓝色粮仓"。随着捕捞强度逐渐增加，海洋污染范围不断扩大，海洋渔业资源的衰退现象日益严重，海水养殖业作为对海洋捕捞的补充，近年来得到了快速发展，但海水养殖带来的环境、健康及质量安全问题日益凸显。渔业发展中资源与环境的关系及由此带来的一系列问题已成为制约海水养殖业乃至海洋渔业可持续发展的瓶颈之一。我们向海洋索取得已经太多，是时候保护海洋了。

　　海洋牧场建设作为解决以上问题的有效手段之一逐步得到关注。海洋牧场化是海洋渔业的根本出路，这是社会生产力发展到一定阶段的必然产物，即从渔猎时代发展到人工控制的家畜放牧养殖时代。在陆地上，人类最初也是以打猎为生，后来才发展家畜放牧养殖。现今家畜放牧将从陆地扩展到海洋。因此海洋牧场化是社会文明进步的必然产物。海洋牧场是一个新型的增养殖渔业系统，即在某一海域内，建设适应水产资源生态的人工生息场，采用增殖放流的方法，将生物苗种经过中间育成或人工驯化后放流入海，利用海洋的自然生产力和微量投饵育成，并采用先进的鱼群控制技术和环境监控技术对其进行科学管理，使其资源量增加，以达到有计划、高效率进行渔获的目的。

　　到目前为止，学术界尚未对海洋牧场作出统一的定义，这反映出人们对海洋牧场的认识还在不断深化和完善的过程中。综述国内外学者的观点，结合海洋牧场包含的目的、空间、权属、苗种、饵料、管理和效果等方面要素，经过多次讨论后认为海洋牧场可以表述为"基于海洋生态学原理和现代海洋工程技术，充分利用自然生产力，在特定海域科学培育和管理渔业资源而形成的人工渔场"（杨红生语）。

　　人工鱼礁建设是海洋牧场建设最重要的组成部分之一。人工鱼礁为鱼类提供了鱼巢，鱼类有了栖息的场所就具备了在海洋牧场生存、繁衍的条件。它具有良好的环境功能：产生局部的上升流，有助于水体中空气和营养盐的交换；礁体表面及礁体周围的海底区域往往成为底栖生物和浮游生物的聚集区；礁体内外的水体空间成为幼鱼、幼虾的避敌之所，为增殖放流的目标种类的存活提供了安全保障。世界各国的海洋牧场建设都少不了人工鱼礁的投放。我国海洋牧场的建设从北到南蓬勃发展，不但对渔业资源的恢复和保护起到了促进作用，而且使经营海洋牧场的企业也取得了显著的经济效益。我国北方地区利用海洋牧场发展经济动物（海参、鲍鱼、扇贝和海胆等）的底播增养殖取得了可喜的成绩。鱼礁周围的鱼类（多为优质鱼类）高度聚集，上钩率高，因此，在海洋牧场中发展海钓产业不但能够获得丰富的渔获物，而且能够有效地发展游钓娱乐业；将人工鱼礁建成景观鱼礁既不失鱼礁本身的功能，又能将海底建成景观世界，吸引游客潜水体验水下世界的奥秘。因此，海洋牧场将成为一个多功能的载体，能够有效地实现陆海统筹、三产贯通，促进海洋渔业的转型和发展可持续的新型海洋渔业。在我国南海发展热带海洋牧场，不仅能使渔业繁殖与增殖，而且能在注重生态修复及旅游开发的同时，兼顾维护国家领土完整的艰巨使命。建设南海海洋牧场是利国利民、功在当代、利在千秋的重大社会任务。

现代海洋牧场的建设要顺应自然规律，实现人与自然和谐相处的目标，呈现唐代诗人沈佺期《钓竿篇》中"朝日敛红烟，垂竿向绿川；人疑天上坐，鱼似镜中悬"的美景；尽享清代诗人王士祯《题秋江独钓图》中"一蓑一笠一扁舟，一丈丝纶一寸钩；一曲高歌一樽酒，一人独钓一江秋"的垂钓之乐。只有从我国古代圣贤提倡"天人合一"的理念出发，才能最终建成可持续发展的、实现"在保护中开发，在开发中保护"的现代海洋牧场。

现今海洋牧场建设已完全有别于过去的人工鱼礁建设，其发展需要多学科的协同努力，包括渔业科学、海洋生态学、水产养殖学及海洋动力学等；如人工鱼礁设计涉及建筑学、材料学和海洋生物学；海洋牧场的管理需要利用信息化、遥感监控等技术；海洋牧场的渔获物更需要水产加工、产品储藏和运输技术等；由于海洋牧场也可以作为休闲渔业的场所，便需要从旅游业的视角进行规划、创作、营销和管理，甚至需要艺术家参与设计具有故事情节和艺术风格的景观鱼礁和雕塑。

2016年7月科学技术部和海南省人民政府批准建设省部共建"南海海洋资源

利用国家重点实验室",本人有幸组建了国家重点实验室的海洋牧场科研团队。我们将以南海海洋牧场,特别是热带海洋牧场为研究对象,围绕前期规划、中期建设、后期评估及多功能拓展等开展系列研究;这些研究成果将以丛书的方式呈现,希望为我国海洋牧场的建设与研究贡献绵薄之力。

王爱民<br>
2017 年 6 月

# 前　言

　　珊瑚礁生态系统具有重要的生态学功能和经济价值，在维持渔业资源量和生物多样性、防止海岸侵蚀、促进生态旅游发展和缓解就业等方面发挥重要的作用。但是，近几十年来，随着全球气候变化、污染和人类活动的加剧，全球珊瑚礁生态系统都出现了退化。

　　海南岛东部和南部分布有非常丰富的珊瑚礁资源。蜈支洲岛位于三亚北部的海棠湾内。蜈支洲岛呈不规则的蝴蝶状，岸线长 4.19 km，面积约为 0.93 km$^2$。环岛海域水质优良，海水能见度高，四周有发育非常好的珊瑚礁。蜈支洲岛是海南省著名的生态旅游岛，主要旅游项目为珊瑚礁潜水、热带海岛观光、水上娱乐项目等。

　　三亚蜈支洲岛早期为驻军海岛，受人类活动影响非常小。蜈支洲岛旅游区始建于 1992 年，2001 年正式对外开放，在精心保护的前提下进行适度的开发。海南岛珊瑚礁的退化主要与人类活动、水质退化有关，主要发生在 2000 年之后。三亚蜈支洲岛的开发历程决定了其珊瑚礁生态系统具有较好的现状和资源量，是海南岛保护最好的珊瑚礁之一。

　　习近平同志提出的"绿水青山就是金山银山"的理念，强化了海南岛生态优先的发展路线，加强了对珊瑚礁资源的保护、修复和合理的利用。本书全面调查评估了三亚蜈支洲岛珊瑚礁生态系统的现状，系统分析了珊瑚礁生态系统退化的原因，探讨了珊瑚礁生态修复的措施，最后提出了针对三亚蜈支洲岛旅游开发的珊瑚礁保护对策与修复建议。

　　本书各章节的编写人员如下：第一章编写人员为海南大学许强教授；第二章编写人员为海南大学李秀保教授；第三章、第四章编写人员为海南大学李秀保教授、许惠丽（硕士生）、黄建中（博士生）和中国科学院南海海洋研究所杨剑辉老师；第五章编写人员为海南省海洋与渔业科学院李元超副研究员；第六章编写人员为海南大学李秀保教授、许强教授和海南省海洋与渔业科学院李元超副研究员。

在野外调查中，海南蜈支洲旅游开发股份有限公司王丰国、邓兆平副经理给予了很大的帮助，在此表示感谢。

著　者

2018 年 12 月 30 日

# 目 录

丛书序
前言
**第一章 三亚蜈支洲岛的自然环境** ················· 1
    第一节 三亚蜈支洲岛概况 ················· 1
    第二节 三亚蜈支洲岛周边海域的自然环境 ················· 2
**第二章 珊瑚礁生态系统调查的内容及方法** ················· 9
    第一节 调查站位的设置 ················· 9
    第二节 水质环境因子 ················· 9
    第三节 珊瑚礁底质类型和主要生物群落 ················· 10
**第三章 三亚蜈支洲岛珊瑚礁生态系统的现状** ················· 14
    第一节 调查站位的设置 ················· 14
    第二节 水质环境现状 ················· 17
    第三节 珊瑚礁底质类型现状 ················· 32
    第四节 大型无脊椎动物现状 ················· 47
    第五节 珊瑚礁鱼类现状 ················· 47
    第六节 三亚蜈支洲岛珊瑚礁现状评估 ················· 48
**第四章 三亚蜈支洲岛珊瑚礁的动态变化及退化原因** ················· 50
    第一节 珊瑚礁底质及生物类群的空间分布与环境控制因子 ················· 50
    第二节 三亚蜈支洲岛珊瑚礁的退化及原因分析 ················· 56
**第五章 三亚蜈支洲岛珊瑚礁生态修复** ················· 59
    第一节 珊瑚礁生态修复的背景介绍 ················· 59
    第二节 物理修复 ················· 62
    第三节 生物修复 ················· 63
    第四节 三亚蜈支洲岛珊瑚礁修复案例 ················· 69
    第五节 珊瑚礁生态系统管理措施 ················· 75

第六章　三亚蜈支洲岛珊瑚礁现状、主要威胁、保护对策与修复建议……79
　　第一节　三亚蜈支洲岛珊瑚礁现状概述……79
　　第二节　三亚蜈支洲岛珊瑚礁的主要威胁……80
　　第三节　三亚蜈支洲岛珊瑚礁的保护对策与修复建议……81
参考文献……85
附录1　三亚蜈支洲岛珊瑚种类名录……87
附录2　三亚蜈支洲岛大型无脊椎动物种类名录……90
附录3　三亚蜈支洲岛鱼类种类名录……92
附录4　三亚蜈支洲岛珊瑚种类图片……95
附录5　三亚蜈支洲岛大型无脊椎动物图片……111
附录6　三亚蜈支洲岛鱼类（部分）图片……117
彩图

# 第一章　三亚蜈支洲岛的自然环境

## 第一节　三亚蜈支洲岛概况

蜈支洲岛，古称"古崎洲岛"，现又名牛奇洲岛，坐落于三亚北部的海棠湾内；中心地理位置坐标为109°45′44″E、18°18′43″N，距三亚林旺镇后海村2.7 km的海面上，北与南湾猴岛遥遥相对，南邻亚龙湾。蜈支洲岛呈不规则的蝴蝶状，岸线长4.19 km，东西长约1.4 km，南北宽约1.1 km，面积约0.93 km²。南部最高峰海拔79.3 m，是海南省的第十大岛（图1-1；张晓浩等，2015）。环岛海域水质优良，海水能见度高。岛周水域海底有着保护良好的珊瑚礁，盛产海参、鲍鱼、龙虾、马鲛鱼、海胆、鲳鱼及各类珊瑚礁鱼类，是著名的休闲潜水胜地。

图1-1　蜈支洲岛鸟瞰图①

---

① 图片来源于http://paper.chinaso.com/bkbl/detail/20181017/1000200033141031539732875273840020_1.html。

蜈支洲岛整体为花岗岩基岩，地貌类型繁多，全岛平均海拔45 m，北部和西部为海积平原，地势较为平坦，北部为砂质海岸，沿海沙滩细腻；东面和南面多山地，西南和东南沿岸为陡峭的基岩海岸，不同的地貌类型构成阶梯状，自东自南向西北倾斜，临海区多为悬崖峭壁。岛北岸西部泥沙落淤形成的沙滩、西北部的沙咀、东部和南部拍岸浪作用下形成的海蚀崖和海蚀穴、海岸至水深4～5 m处的岩礁平台（珊瑚礁生长发育形成）、5～10 m处珊瑚生长繁茂地带的水下斜坡，多样的地貌类型为开展不同类型的开发活动提供了条件。

蜈支洲岛海岛旅游资源和动植物资源丰富。岛上覆盖着丰富的乔木和灌木，有五大植被类型，分别为海滩匍匐沙植被、灌丛草地、灌丛、稀树灌丛及椰子林，据统计种类约85科2700多种，其中包含有"植物中的大熊猫"之称的龙血树（郜宣和鲍富元，2014）。岛上有绮丽的自然风光，富有特色的各类度假别墅、木屋及酒吧、游泳池、海鲜餐厅等鳞次栉比，潜水、滑水、摩托艇、拖伞、香蕉船、飞鱼船、电动船、动感飞艇、海钓、鱼疗、电瓶车观光等海上和陆地娱乐项目给前来观光和度假的旅游者们带来丰富的体验。

## 第二节　三亚蜈支洲岛周边海域的自然环境

### 1. 海底底质类型

蜈支洲岛海底底质类型由岸至海分别为：基岩和珊瑚礁（0～5 m水深），粗砂、中砂（5～10 m水深），细砂（10～17 m水深），粉砂、细砂（17 m以深）。相应地，海底表层沉积物较粗，未见有细粒的黏土类沉积。由近岛向外海延伸，底质沉积类型分别由基岩、珊瑚礁→粗砂、细砂、中砂→细砂→粉砂、细砂组成，表明沉积物的分布与水深及水动力条件显著相关；近岛区水深较浅，波浪动力较强，侵蚀基岩和珊瑚礁，沉积物颗粒粗；深水区近底层，波浪作用小，水动力较弱，以细颗粒沉积物为主。

### 2. 气候特征

蜈支洲岛所属三亚海域地处北回归线以南的热带区，受海洋性气候影响较大，属于热带海洋性季风气候，终年气温高，光照强，雨量丰沛，夏季炎热多雨，冬季温暖少雨，终年无雾。

据 1987～2009 年数据，三亚年均气温为 26.1℃，介于 22.6～27℃；极端高温均值为 34.8℃，介于 33.6～35.9℃；极端低温均值为 13.3℃，介于 8.4～15.5℃。年平均相对湿度较小，为 79%；6～9 月较大，8 月最大，为 84%；11～1 月较小，1 月最小，为 73%。年均日照量为 2366.4 h，介于 1751.1～2774.5 h。年均降雨量为 1461.7 mm，介于 951.8～1987.9 mm。三亚地区有旱季和雨季之分，5～10 月为雨季，降水量占全年的 90%以上，11 月至翌年 4 月为旱季，降水量较少（表 1-1）。由热带气旋引发的降水量约占 32%，最多年份高达全年降水量的 84%（黄萍等，2010）。

表 1-1　三亚逐月平均降水量　　　　　　　　（单位：mm）

| 月份 | 1 | 2 | 3 | 4 | 5 | 6 | 7 | 8 | 9 | 10 | 11 | 12 |
| --- | --- | --- | --- | --- | --- | --- | --- | --- | --- | --- | --- | --- |
| 平均降水量 | 8 | 12.8 | 19.2 | 43.3 | 142.3 | 197.5 | 192.6 | 221.5 | 251.4 | 234.5 | 58.2 | 10.7 |

通过分析 1959～2000 年影响三亚的热带气旋数据可知，三亚每年平均受 3.9 个热带气旋影响，西太平洋台风和南海台风所占比例相近，但西太平洋达到台风及以上级别的台风约占 78.4%，热带低压多为南海台风，约占 86.7%。影响三亚的热带气旋集中在 7～11 月，其中 7 月、10 月和 11 月西太平洋台风约占 70.3%，5 月、6 月、8 月和 9 月南海台风略多，为 62.5%（黄萍等，2010）。按月份统计，5 月和 10 月热带气旋登陆次数最多，7 月和 8 月其次，12 月至翌年 4 月没有热带气旋影响三亚（表 1-2）。登陆三亚热带气旋最多的路径是海南岛北部至雷州半岛西行或西北行热带气旋路径，其次是海南岛南部陆地及近海西行热带气旋路径，第三是海南岛西部陆地及近海北上热带气旋路径（黄萍等，2010）。

表 1-2　登陆三亚的热带气旋按月统计表

| 月份 | 5 | 6 | 7 | 8 | 9 | 10 | 11 | 合计 |
| --- | --- | --- | --- | --- | --- | --- | --- | --- |
| 个数/个 | 4 | 2 | 3 | 3 | 2 | 4 | 2 | 20 |
| 比例/% | 20 | 10 | 15 | 15 | 10 | 20 | 10 | 100 |

据三亚气象站统计，三亚以 E、NE 和 ENE 风向最多，约占全年总频率的 46%，一年内几乎有 8 个月的时间被上述风向控制，其余 4 个月（5～8 月）风向较乱，但以 W、SW 风向为主，约占这 4 个月风频率的 40%。三亚大风天气主要来源于

冷空气和热带气旋,其中热带气旋引起的大风强度更大,三亚大于或等于 20 m/s 的风速出现在 6~10 月,都是热带气旋所致,大风风向分别以 NE-E 和 SW-W 为主,前者最大风速可达 24 m/s,后者为 20 m/s。热带气旋引起的最大风速瞬间可达 45 m/s(SW),全年平均风速为 2.5 m/s。

### 3. 水文特征

蜈支洲岛海域全年平均水温为 26.4℃;最低温月份为 2 月,月均温度为 20.9℃;最高温月份为 6 月,月均温度为 29.1℃。海域平均盐度为 33.78,海水盐度变化范围很小。海域海水常年平均透明度为 6~8 m。

(1)海流

蜈支洲岛周边海域海流特征参考浙江东洲建设咨询有限公司 2017 年开展的专项调查数据,分别于 3 个航次大潮期在工程海域周围布设了 6 个水文观测站位,观测时间为 2017 年 3 月 7~8 日。根据统计分析结果,得出蜈支洲岛海域表层潮流特征(图 1-2):

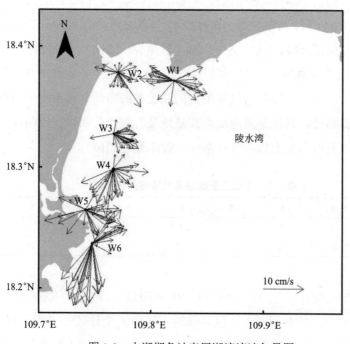

图 1-2 大潮期各站表层潮流流速矢量图

1）潮流基本呈往复流特征，流向为东西向，略呈旋转流形式；流速由表层至底层减小；表层落潮流强于涨潮流，中层、底层反之；

2）观测期间潮流最大流速在 19～44 cm/s 内；

3）东侧深海区潮流流速略大于西侧浅海区；各观测站涨潮流流速平均值、涨潮流流速最大值分别大于落潮流流速平均值、落潮流流速最大值，说明观测海域涨潮流较强。

（2）余流

余流主要是由温盐效应、风应力和地形等因素引起的流动，它是从实测海流资料中剔除了周期性潮流的剩余部分。蜈支洲岛海域大潮期表层余流较小，方向主要为 SE，余流速度在 10 cm/s 左右。表层余流向 SE 方向，由风应力和波浪应力形成。往中下层，受水下地形、温盐效应、底摩擦等影响，余流速度增大，在 1～9 cm/s（图 1-3）。

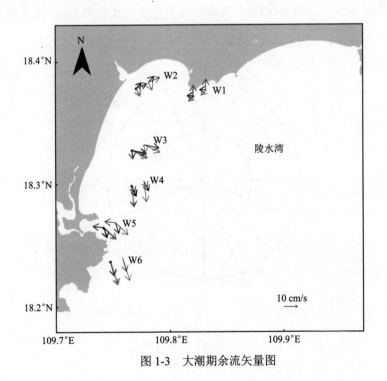

图 1-3　大潮期余流矢量图

（3）潮汐

根据 2017 年在蜈支洲岛海域实测数据，海区潮汐调和常数特征比值为 2.4～

3.96，表明此海区的潮汐性质主要为不规则全日潮流。潮汐的涨落潮平均历时不相等，潮汐日不等现象显著，落潮历时比涨潮历时约长 1 h：涨潮历时 11 h50 min，落潮历时 12 h10 min。

（4）波浪

三亚海区的波浪以风浪为主，占 80%，涌浪占 42%。常浪向为 SE-SSE，强浪向为 S-WSW，平均波高为 0.67 m。因受季风和地形的影响，呈现平均波高夏季大于冬季的特点，夏季平均波高在亚龙湾为 0.4~0.6 m，榆林湾 0.6~0.8 m，冬季平均波高在榆林湾为 0.2~0.3 m。在台风期间榆林湾最大波高可达 4.6 m，冬季为 1.8 m。

据风场及亚龙湾实测资料，结合蜈支洲及其海棠湾的特点，分析三亚海区风浪的基本特征。

平均波高：全年各向平均波高以 E-ENE 向最大，平均值为 0.6~0.8 m，而 S-SSE 和 NW 向较小，均为 0.3 m，其余各向平均值为 0.4~0.5 m。平均波高频率分布见图 1-4。

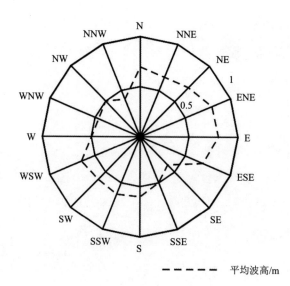

图 1-4 平均波高频率分布图

实测最大波高：根据蜈支洲岛南部的亚龙湾一年的波浪观测资料分析，三亚海区实测最大波高以 E 至 NE 向较大，其值为 2.2~3.6 m，而 SSW 向最大值为 0.3 m，其余各向最大波高为 0.5~1.7 m。

波高累积频率分布：三亚海区波浪以 0~2 级为主，其波高累积频率见表 1-3。

表 1-3  三亚海区波高累积频率

| 波级 | 波高/m | 频率/% |
| --- | --- | --- |
| 0~2 | 0.0~0.7 | 93 |
| 3 | 0.8~1.2 | 6 |
| 4 | 1.3~1.9 | 1 |
| 5 | 2.0~3.4 | 0 |

#### 4. 环境质量

通过 2017 年开展的海域水体、沉积物质量专项调查，查明蜈支洲岛附近海域达到了三亚海洋功能区划要求的二类海水水质标准。蜈支洲岛附近海域沉积物中铜、铅、锌、镉、油类、硫化物和有机质都达到了《海洋沉积物质量》（GB 18668—2002）中的一类标准要求。监测结果表明，蜈支洲岛附近海域的沉积物质量状况良好。

对海区浮游植物生态现状及初级生产力的调查结果表明，该水域总体生产力较低，浮游植物平均数量为 $14.33\times10^4$ cells/m$^3$，水域浮游植物多样性指数较低，平均为 1.27，均匀度指数较高，平均为 0.84。其多样性指数和均匀度指数说明浮游植物种群数量不多，各种类数量的分配却较均匀。

#### 5. 区域的社会经济状况

根据《2016 年三亚市国民经济和社会发展统计公报》，2016 年三亚全年全市实现生产总值 475.56 亿元，按可比价格计算，比上年增长 7.8%。其中，第一产业增加值 65.99 亿元，增长 3.9%；第二产业增加值 94.45 亿元，增长 6.0%；第三产业增加值 315.11 亿元，增长 9.2%。三次产业结构为 13.9∶19.9∶66.2，第三产业拉动经济增长 6.0%，对经济增长的贡献为 77.5%。

2016 年全市接待过夜游客 1651.58 万人次，比上年增长 10.4%。其中，国内游客 1606.69 万人次，增长 10.1%；入境游客 44.89 万人次，增长 25.3%。全年旅游总收入 322.40 亿元，增长 23.4%，其中国内旅游收入 305.48 亿元，增长 21.8%；旅游外汇收入 25 476 万美元，增长 50.2%。旅游饭店平均开房率为 66.02%，比上年提高 1.52%。全市列入统计的旅游酒店（宾馆）250 家，其中，五星级酒店 14 家，四星级酒店 17 家，三星级酒店 9 家。拥有客房 56 312 间，比上年增加 6403 间；拥有床位 92 918 张，比上年增加 10 372 张。全市共有 A 级及以上景区 16 处，其中，5A 级景区 3 处，包括蜈支洲岛旅游区。

海南是以旅游业为龙头产业的省份，是我国唯一的热带海岛旅游休闲度假区和避寒胜地。发展滨海和海上旅游，以度假休闲旅游为主导，把海南建设成环境优美的"生态省"、世界知名的热带海岛滨海度假休闲旅游胜地和以海洋生物资源可持续利用为主的"海洋大省"是海南省的主要发展目标（王介勇和刘彦随，2009）。蜈支洲岛旅游区始建于 1992 年，2001 年正式对外开放。2017 年，蜈支洲岛旅游业收入正式突破 12 亿人民币，游客人数也以每年超过 15%的速度激增，可以说是海南百座岛屿中的一枝独秀。其中潜水、水上摩托车、拖曳伞和极限运动等水上活动的收入大约占全部收入的 40%。随着海南国际旅游岛的建设，到三亚旅游的游客，特别是参与海洋旅游和滨海休闲度假游的游客将会大幅增加，三亚的旅游结构也将逐步由观光旅游向生态旅游及观光度假型旅游转变，这又将为蜈支洲岛海岛旅游业的发展提供一个良好的契机。

# 第二章 珊瑚礁生态系统调查的内容及方法

珊瑚礁生态系统调查主要参照《珊瑚礁生态监测技术规程》(HY/T 082—2005)和国际上通用的珊瑚礁调查方法（English, et al., 1997；Nadon & Stirling, 2006）进行。此调查内容主要是针对我国近岸区域的珊瑚礁生态系统而设定的。

## 第一节 调查站位的设置

调查区域的选择：一般调查区域选择在珊瑚礁集中区域。调查区域选择时应考虑的因素有：海底地形、风向、涨落潮引起水深的改变。

调查站位的选择：在每个调查区域，应设置一定数量的重复调查站位，方能代表区域性珊瑚礁的状况。

我国近岸珊瑚礁分布一般在 10 m 以浅区域。每个站位通常在 3 m 和 8 m 水深设置平行于岸线的长期观测样带。每个水深布设 100 m 长的样带，用钢钎和扎带水下固定、标记，在样带的头部和尾部用 GPS 标记定位，方便后续监测时准确定位。

## 第二节 水质环境因子

### 1. 主要调查内容

调查的水质环境因子包括温度，盐度，浊度，pH，溶解氧（dissolved oxygen, DO）浓度，透明度，光照强度，叶绿素 a（Chl a）浓度，溶解无机营养盐（$NH_4^+$、$NO_3^-$、$NO_2^-$、$PO_4^{3-}$、$SiO_4^{2-}$）浓度，表层沉积物粉砂—黏土粒级百分比组成（0~63%），大型海藻的总有机氮（total organic nitrogen, TON）值、总有机碳/总有机氮（total organic carbon/total organic nitrogen, TOC/TON）值和氮同位素比值（$\delta^{15}N$），珊瑚礁分布水深。浊度和表层沉积物粉砂—黏土粒级百分比组成（0~63%）指示了水体浑浊和颗粒物沉积压力；溶解无机营养盐浓度、Chl a 浓度、优势大型海藻的 TON 值、TOC/TON 值和 $\delta^{15}N$ 值指示了营养盐压力。选择部分监测站位，长期投放 HOBO 温度计，观测水温的连续变化，以研究温度异常变化对珊瑚礁的影响。

### 2. 仪器设备

YSI 水质分析仪、奥利龙多参数水质分析仪、AQUAlogger 210TY 浊度仪、CTD 温盐深仪、HOBO 温度计、水下光量子记录仪（LI-COR 192SA）、采水器、透明度盘、营养盐自动分析仪、元素分析仪、稳定同位素比质谱仪、激光粒度仪（Mastersizer 2000）等。

### 3. 主要观测方法

用 CTD 温盐深仪现场观测海水的温度和盐度，用浊度仪现场观测海水的浊度，用 YSI 水质分析仪观测海水中的 DO 浓度，用奥利龙多参数水质分析仪观测海水的 pH。HOBO 温度计可以用来长期、连续记录海水温度的变化。水下有效光照强度用水下光量子记录仪观测，透明度盘可以用来观测海水透明度。海水溶解的无机营养盐含量需要先用 GFF 玻璃纤维滤膜过滤水样，冷冻保存，然后用营养盐自动分析仪进行测量。表层沉积物的粒度用激光粒度仪观测，取 0~2000 μm 部分，计算粉砂—黏土粒级（0~63 μm）部分的含量。大型海藻的元素组成和稳定同位素分别用元素分析仪和稳定同位素比质谱仪观测。

## 第三节 珊瑚礁底质类型和主要生物群落

### 1. 主要调查内容

珊瑚礁底质类型包括造礁石珊瑚、软珊瑚和柳珊瑚、礁石、砂、死珊瑚、钙化藻、大型海藻、藻皮（turf algae）、海绵和群体海葵。

珊瑚区生物群落指标主要内容包括：
1）珊瑚礁底质类型及覆盖率；
2）活珊瑚覆盖率及种类多样性；
3）死亡石珊瑚覆盖率；

4）珊瑚病害；

5）海藻和其他底质类型覆盖率；

6）珊瑚幼体（直径<5 cm）密度；

7）大型无脊椎动物种类的组成和密度；

8）珊瑚礁鱼类种类的组成、体长和分布密度；

9）硬珊瑚死亡率；

10）长棘海星等敌害生物的情况；

11）石珊瑚白化情况。

## 2. 仪器设备

GPS、100 m 的皮尺、50 cm×50 cm 样框、测深仪、潜水用具、水下数码照相机和水下数码摄像机、计算机、专业珊瑚分类资料。

## 3. 主要调查方法

在每个站位，将 100 m 皮尺分成 4 段 20 m 长的样带（0～20 m、25～45 m、50～70 m、75～95 m），分别调查和统计珊瑚礁底质类型及覆盖率、活珊瑚覆盖率及种类多样性、死亡石珊瑚覆盖率等。

（1）珊瑚礁底质类型及覆盖率

珊瑚礁底质类型的调查方法主要参考国际上通用的截线样条法（linear point intercept method；Nadon & Stirling，2006）。用水下数码摄像机从样带的一端开始沿着断面线摄像，回到实验室后在计算机上进行判读。将 20 m 皮尺分成 200 个点，统计 200 个点下对应的珊瑚礁底质类型，最后统计不同底质类型的覆盖率。

（2）活珊瑚覆盖率及种类多样性

通过影像资料判读获取活珊瑚（造礁石珊瑚、软珊瑚和柳珊瑚）的覆盖率，鉴定出每条样带（20 m）珊瑚（种或属）的多样性。结合样带判读数据、近距离的照片和采样鉴定，获取珊瑚的种类多样性数据。

（3）死亡石珊瑚覆盖率

通过影像资料测定断面上死亡石珊瑚的覆盖率，并估计死亡时间。活珊瑚都呈现不同的颜色，判断珊瑚死亡的时间是依据珊瑚的颜色，早期死亡的为黑色，近期死亡的为白色。具体如下：30 天以内，珊瑚单体骨骼白色、完整清晰；半年以内，珊瑚单体被小型藻类或薄层沉积物覆盖；1~2 年内，珊瑚单体结构轻微腐蚀，但仍然能分辨出珊瑚的属级分类单位；2 年以上，珊瑚单体结构消失，或单体上的附着生物（藻类、无脊椎动物等）已经很难取下。

（4）珊瑚病害

珊瑚病害主要通过颜色来判断，白化病在全球范围内都有发生。对白化病及其他颜色异常的珊瑚进行监测并拍照，只统计每个珊瑚"头部"平面上颜色的异常状况。分枝珊瑚，白化区域集中在每个分枝的边缘部分。记录每个珊瑚颜色异常状况；B 为白化病，BB 为黑边病，WB 为白带病，RW 为侵蚀病，YB 为黄斑病，RB 为红带病，并对病害情况进行现场拍照。

（5）海藻和其他底质类型覆盖率

通过截线样条法统计大型海藻、钙化藻、藻皮、海绵、群体海葵、礁石（>15 cm）、碎石（0.5~15 cm）、砂（<0.5 cm）等的覆盖率。

（6）珊瑚幼体（直径<5 cm）密度

在每个站位，100 m 皮尺共划分成 4 段 20 m 长样带，每 20 m 随机拍摄 16 个 50 cm×50 cm 样框（图 2-1）。用水下数码照相机从样带的一端开始沿着样带两边分别随机布设样框，总共 64 个，回到实验室后在计算机上进行判读，记录肉眼可以观测到的、直径小于 5 cm 的个数，统计珊瑚幼体密度。

图 2-1　珊瑚样框调查

(7) 大型无脊椎动物种类的组成和密度

沿着 100 m 样带两侧各 2.5 m 范围内，调查大型无脊椎动物种类的组成和密度。代表性的类群包括：海参、海星、海胆、龙虾、砗磲、法螺、塔螺、马蹄螺、小核果螺等。

(8) 珊瑚礁鱼类种类的组成、体长和分布密度

沿着 100 m 样带两侧各 2.5 m 范围内，调查珊瑚礁鱼类种类的组成、体长（0～5 cm、5～10 cm、10～20 cm、20～30 cm、>30 cm）和分布密度。代表性的类群为草食性鱼类和重要经济鱼类。

# 第三章　三亚蜈支洲岛珊瑚礁生态系统的现状

## 第一节　调查站位的设置

### 1. 调查站位

蜈支洲岛位于海南省三亚市的东南部。在蜈支洲岛四周珊瑚礁区域，共设置13个站位，开展水质环境因子和珊瑚礁生物群落调查。每个站位分两个水深（3 m和8 m）展开调查，其中6～7号站位因为地形陡峭的原因，没有3 m水深（图3-1和表3-1）。珊瑚礁调查在2017年的夏季完成。

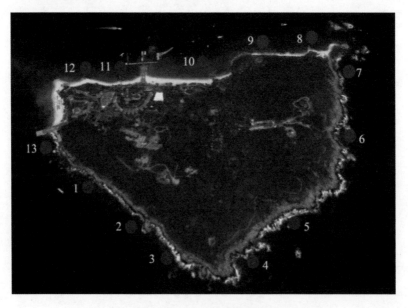

图 3-1　蜈支洲岛调查站位

表 3-1　蜈支洲岛调查站位的经纬度

| 站位 | 经纬度 |
| --- | --- |
| 1 | 18°18.635′N 109°45.394′E |
| 2 | 18°18.555′N 109°45.494′E |

续表

| 站位 | 经纬度 |
| --- | --- |
| 3 | 18°18.456′N 109°45.597′E |
| 4 | 18°18.412′N 109°45.788′E |
| 5 | 18°18.445′N 109°45.855′E |
| 6 | 18°18.525′N 109°46.039′E |
| 7 | 18°18.896′N 109°46.158′E |
| 8 | 18°19.031′N 109°46.123′E |
| 9 | 18°19.014′N 109°45.926′E |
| 10 | 18°18.977′N 109°45.688′E |
| 11 | 18°18.963′N 109°45.444′E |
| 12 | 18°18.972′N 109°45.312′E |
| 13 | 18°18.756′N 109°45.301′E |

### 2. 调查内容

首次本底调查在13个普通调查站位展开，开展水质环境因子和珊瑚礁生物群落的调查。

调查的水质环境因子包括温度，浊度，DO 浓度，pH，Chl a 浓度，溶解无机营养盐（$NH_4^+$、$NO_3^-$、$NO_2^-$、$PO_4^{3-}$、$SiO_4^{2-}$）浓度，礁盘间隙沉积物粉砂—黏土粒级百分比组成（0～63%），巢沙菜（*Hypnea pannosa*）的 TON 值、TOC/TON 值和 $\delta^{15}N$ 值。

珊瑚礁生物群落的调查包括珊瑚属阶元的多样性、不同珊瑚礁底质类型（造礁石珊瑚、软珊瑚、砂、礁石、死珊瑚、多孔螅、群体海葵、海绵、大型海藻、藻皮、钙化藻）的覆盖率、造礁石珊瑚幼体密度、大型无脊椎动物现状、珊瑚礁鱼类现状。

### 3. 调查站位的区域划分

基于珊瑚礁底质类型构建的聚类分析，可以将蜈支洲岛的研究站位分为区域1和区域2。在3 m 水深，区域1包括了站位1～5，区域2包括了站位8～13；

在8m水深，区域1包括了站位1~7，区域2包括了站位8~13（图3-2）。结合地图和相应的站位分布，可以确认区域1主要分布在蜈支洲岛南侧，为近自然的区域，旅游开发强度低，人类活动影响小；区域2主要分布在北侧，为人工开发区域，旅游开发强度高，人类活动影响大。因此，正好可以比较不同开发强度下，南侧（区域1）和北侧（区域2）两个区域的水质环境，以及珊瑚礁生物群落和底质类型的空间分布差异。以下用双因素方差分析统计方法比较不同区域（南侧和北侧）、不同深度（3m和8m）间水质环境因子和珊瑚礁底质类型的差异。

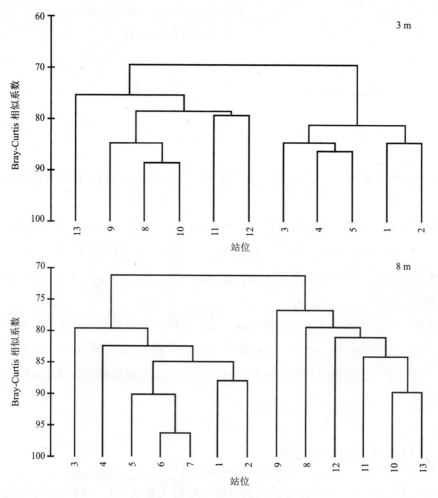

图3-2 基于珊瑚礁底质类型构建的聚类分析

## 第二节 水质环境现状

### 1. 海水温度

每个站位海水温度的空间分布见图 3-3。在所有的站位，海水温度的均值为 26.71℃，介于 24.9~28.22℃。南侧（区域 1）海水温度均值为 26.15℃，介于 24.9~27.59℃；北侧（区域 2）海水温度均值为 27.37℃，介于 25.76~28.22℃。3 m 水深，海水温度均值为 27.47℃，介于 26.38~28.22℃；8 m 水深，海水温度均值为 26.07℃，介于 24.9~27.99℃。双因素方差（分区×深度）分析结果（表 3-2）表明，不同分区（南侧和北侧）和深度（3 m 和 8 m）海水温度都有显著性差异，但是分区和深度间不存在交互效应。

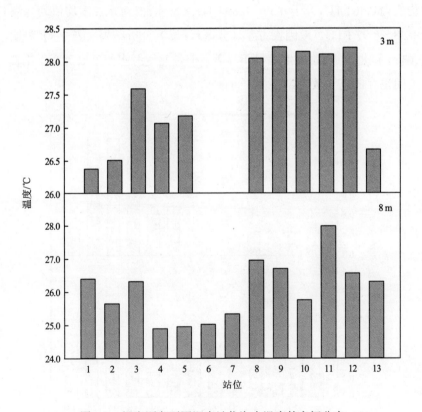

图 3-3 蜈支洲岛不同调查站位海水温度的空间分布

表 3-2 双因素方差分析结果：不同分区和深度对海水温度分布的影响

| 源 | III型平方和 | 自由度 | 均方 | $F$ 值 | $p$ 值 |
| --- | --- | --- | --- | --- | --- |
| 分区 | 8.880 | 1.000 | 8.880 | 28.355 | 0.000 |
| 深度 | 11.736 | 1.000 | 11.736 | 37.476 | 0.000 |
| 分区×深度 | 0.003 | 1.000 | 0.003 | 0.010 | 0.922 |
| 误差 | 6.263 | 20.000 | 0.313 | — | — |
| 总计 | 17 149.006 | 24.000 | — | — | — |

## 2. 海水浊度

每个站位海水浊度的空间分布见图 3-4。在所有的站位，海水浊度的均值为 0.56 FTU，介于 0.38~0.97 FTU。南侧海水浊度均值为 0.48 FTU，介于 0.38~0.63 FTU；北侧海水浊度均值为 0.65 FTU，介于 0.42~0.97 FTU。3 m 水深，海水浊度均值为 0.56 FTU，介于 0.39~0.89 FTU；8 m 水深，海水浊度均值为 0.55 FTU，介于 0.38~0.97 FTU。双因素方差（分区×深度）分析结果（表 3-3）表明，不同深度（3 m 和 8 m）海水浊度差异不显著，但是北侧海水浊度显著高于南侧，分区和深度间也存在交互效应。

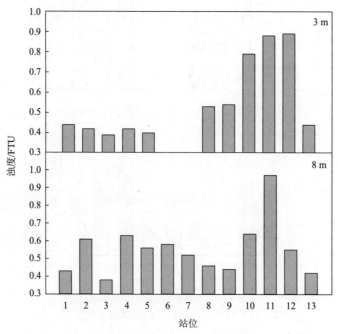

图 3-4 蜈支洲岛不同调查站位海水浊度的空间分布

表 3-3　双因素方差分析结果：不同分区和深度对海水浊度分布的影响

| 源 | Ⅲ型平方和 | 自由度 | 均方 | $F$ 值 | $p$ 值 |
| --- | --- | --- | --- | --- | --- |
| 分区 | 0.189 | 1.000 | 0.189 | 9.497 | 0.006 |
| 深度 | 0.002 | 1.000 | 0.002 | 0.088 | 0.770 |
| 分区×深度 | 0.098 | 1.000 | 0.098 | 4.929 | 0.038 |
| 误差 | 0.398 | 20.000 | 0.020 | — | — |
| 总计 | 8.069 | 24.000 | — | — | — |

### 3. 海水溶解无机氮浓度

溶解无机氮（dissolved inorganic nitrogen，DIN）浓度是 $NH_4^+$、$NO_3^-$ 和 $NO_2^-$ 浓度之和。每个站位海水 DIN 浓度的空间分布见图 3-5。在所有的站位，海水 DIN 浓度的均值为 3.04 μmol/L，介于 1.74～4.43 μmol/L。南侧海水 DIN 浓度海水为 2.98 μmol/L，介于 2.08～4.34 μmol/L；北侧海水 DIN 浓度均值为 3.09 μmol/L，介于 1.74～4.43 μmol/L。3 m 水深，海水 DIN 浓度均值为 3.02 μmol/L，介于 2.08～4.16 μmol/L；8 m 水深，海水 DIN 浓度均值为 3.05 μmol/L，介于 1.74～4.43 μmol/L。双因素方差（分区×深度）分析结果（表 3-4）表明，不同分区（南侧和北侧）和深度（3 m 和 8 m）海水 DIN 浓度差异不显著，分区和深度间也不存在交互效应。

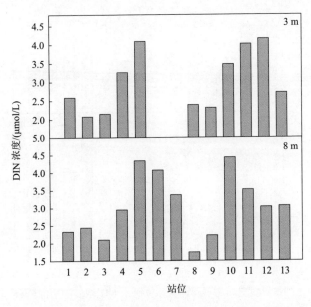

图 3-5　蜈支洲岛不同调查站位海水 DIN 浓度的空间分布

表 3-4 双因素方差分析结果：不同分区和深度对海水 DIN 浓度分布的影响

| 源 | III型平方和 | 自由度 | 均方 | $F$ 值 | $p$ 值 |
|---|---|---|---|---|---|
| 分区 | 0.204 | 1.000 | 0.204 | 0.270 | 0.609 |
| 深度 | 0.000 | 1.000 | 0.000 | 0.000 | 0.999 |
| 分区×深度 | 0.436 | 1.000 | 0.436 | 0.578 | 0.456 |
| 误差 | 15.077 | 20.000 | 0.754 | — | — |
| 总计 | 236.804 | 24.000 | — | — | — |

## 4. 海水 $NH_4^+$ 浓度

每个站位海水 $NH_4^+$ 浓度的空间分布见图 3-6。在所有的站位，海水 $NH_4^+$ 浓度的均值为 1.27 μmol/L，介于 0.71～2.26 μmol/L。南侧海水 $NH_4^+$ 浓度均值为 1.16 μmol/L，介于 0.78～1.47 μmol/L；北侧海水 $NH_4^+$ 浓度均值为 1.38 μmol/L，介于 0.71～2.26 μmol/L。3 m 水深，海水 $NH_4^+$ 浓度均值为 1.21 μmol/L，介于 0.8～1.61 μmol/L；8 m 水深，海水 $NH_4^+$ 浓度均值为 1.32 μmol/L，介于 0.71～2.26 μmol/L。双因素方差（分区×深度）分析结果（表 3-5）表明，不同分区（南侧和北侧）和深度（3 m 和 8 m）海水 $NH_4^+$ 浓度差异不显著，分区和深度间也不存在交互效应。

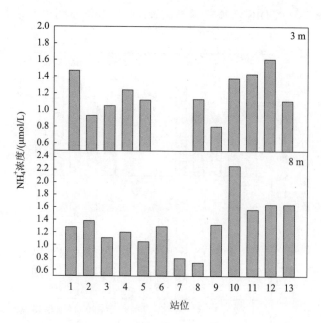

图 3-6 蜈支洲岛不同调查站位海水 $NH_4^+$ 浓度的空间分布

表 3-5  双因素方差分析结果：不同分区和深度对海水 $NH_4^+$ 浓度分布的影响

| 源 | III型平方和 | 自由度 | 均方 | $F$ 值 | $p$ 值 |
|---|---|---|---|---|---|
| 分区 | 0.344 | 1.000 | 0.344 | 3.313 | 0.084 |
| 深度 | 0.095 | 1.000 | 0.095 | 0.918 | 0.349 |
| 分区×深度 | 0.092 | 1.000 | 0.092 | 0.884 | 0.358 |
| 误差 | 2.079 | 20.000 | 0.104 | — | — |
| 总计 | 41.368 | 24.000 | — | — | — |

## 5. 海水 $NO_3^-$ 浓度

每个站位海水 $NO_3^-$ 浓度的空间分布见图 3-7。在所有的站位，海水 $NO_3^-$ 浓度的均值为 1.46 μmol/L，介于 0.61～2.93 μmol/L。南侧海水 $NO_3^-$ 浓度均值为 1.56 μmol/L，介于 0.72～2.93 μmol/L；北侧海水 $NO_3^-$ 浓度均值为 1.37 μmol/L，介于 0.61～2.37 μmol/L。3 m 水深，海水 $NO_3^-$ 浓度均值为 1.56 μmol/L，介于 0.89～2.82 μmol/L；8 m 水深，海水 $NO_3^-$ 浓度均值为 1.38 μmol/L，介于 0.61～2.93 μmol/L。双因素方差（分区×深度）分析结果（表 3-6）表明，不同分区（南侧和北侧）和深度（3 m 和 8 m）海水 $NO_3^-$ 浓度差异不显著，分区和深度间也不存在交互效应。

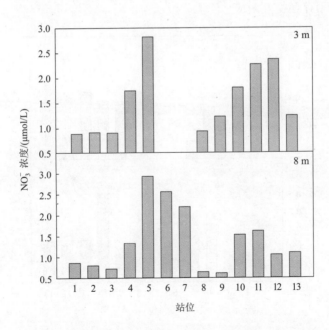

图 3-7  蜈支洲岛不同调查站位海水 $NO_3^-$ 浓度的空间分布

表 3-6 双因素方差分析结果：不同分区和深度对海水 $NO_3^-$ 浓度分布的影响

| 源 | III型平方和 | 自由度 | 均方 | $F$ 值 | $p$ 值 |
| --- | --- | --- | --- | --- | --- |
| 分区 | 0.083 | 1.000 | 0.083 | 0.158 | 0.695 |
| 深度 | 0.270 | 1.000 | 0.270 | 0.516 | 0.481 |
| 分区×深度 | 1.037 | 1.000 | 1.037 | 1.984 | 0.174 |
| 误差 | 10.459 | 20.000 | 0.523 | — | — |
| 总计 | 63.191 | 24.000 | — | — | — |

## 6. 海水 $NO_2^-$ 浓度

每个站位海水 $NO_2^-$ 浓度的空间分布见图 3-8。在所有的站位，海水 $NO_2^-$ 浓度的均值为 0.31 µmol/L，介于 0.16～0.65 µmol/L。南侧海水 $NO_2^-$ 浓度均值为 0.27 µmol/L，介于 0.16～0.43 µmol/L；北侧海水 $NO_2^-$ 浓度均值为 0.34 µmol/L，介于 0.18～0.65 µmol/L。3 m 水深，海水 $NO_2^-$ 浓度均值为 0.26 µmol/L，介于 0.16～0.35 µmol/L；8 m 水深，海水 $NO_2^-$ 浓度均值为 0.34 µmol/L，介于 0.19～0.65 µmol/L。双因素方差（分区×深度）分析结果（表 3-7）表明，不同深度（3 m 和 8 m）海水 $NO_2^-$ 浓度差异显著，但是不同分区（南侧和北侧）海水 $NO_2^-$ 浓度差异不显著，分区和深度间也不存在交互效应。

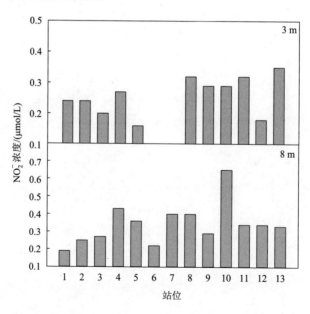

图 3-8 蜈支洲岛不同调查站位海水 $NO_2^-$ 浓度的空间分布

表 3-7  双因素方差分析结果：不同分区和深度对海水 $NO_2^-$ 浓度分布的影响

| 源 | III型平方和 | 自由度 | 均方 | $F$ 值 | $p$ 值 |
|---|---|---|---|---|---|
| 分区 | 0.023 | 1.000 | 0.023 | 2.692 | 0.116 |
| 深度 | 0.043 | 1.000 | 0.043 | 5.012 | 0.037 |
| 分区×深度 | 0.004 | 1.000 | 0.004 | 0.465 | 0.503 |
| 误差 | 0.173 | 20.000 | 0.009 | — | — |
| 总计 | 0.023 | 1.000 | 0.023 | 2.692 | 0.116 |

## 7. 海水 $PO_4^{3-}$ 浓度

每个站位海水 $PO_4^{3-}$ 浓度的空间分布见图 3-9。在所有的站位，海水 $PO_4^{3-}$ 浓度的均值为 0.14 μmol/L，介于 0.04~0.23 μmol/L。南侧海水 $PO_4^{3-}$ 浓度均值为 0.15 μmol/L，介于 0.04~0.23 μmol/L；北侧海水 $PO_4^{3-}$ 浓度均值为 0.13 μmol/L，介于 0.08~0.23 μmol/L。3 m 水深，海水 $PO_4^{3-}$ 浓度均值为 0.11 μmol/L，介于 0.04~0.20 μmol/L；8 m 水深，海水 $PO_4^{3-}$ 浓度均值为 0.16 μmol/L，介于 0.08~0.23 μmol/L。双因素方差（分区×深度）分析结果（表 3-8）表明，不同深度（3 m 和 8 m）海水 $PO_4^{3-}$ 浓度差异显著，但是不同分区（南侧和北侧）海水 $PO_4^{3-}$ 浓度差异不显著，分区和深度间也不存在交互效应。

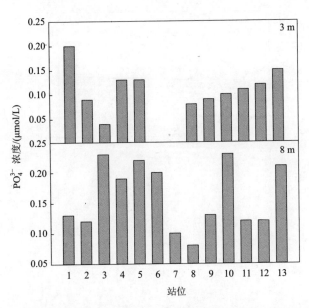

图 3-9  蜈支洲岛不同调查站位海水 $PO_4^{3-}$ 浓度的空间分布

表 3-8 双因素方差分析结果：不同分区和深度对海水 $PO_4^{3-}$ 浓度分布的影响

| 源 | III型平方和 | 自由度 | 均方 | $F$ 值 | $p$ 值 |
| --- | --- | --- | --- | --- | --- |
| 分区 | 0.003 | 1.000 | 0.003 | 1.217 | 0.283 |
| 深度 | 0.013 | 1.000 | 0.013 | 5.424 | 0.030 |
| 分区×深度 | 0.000 | 1.000 | 0.000 | 0.002 | 0.968 |
| 误差 | 0.049 | 20.000 | 0.002 | — | — |
| 总计 | 0.525 | 24.000 | — | — | — |

## 8. 海水 $SiO_4^{2-}$ 浓度

每个站位海水 $SiO_4^{2-}$ 浓度的空间分布见图 3-10。在所有的站位，海水 $SiO_4^{2-}$ 浓度的均值为 10.14 μmol/L，介于 4.2~23.98 μmol/L。南侧海水 $SiO_4^{2-}$ 浓度均值为 8.34 μmol/L，介于 4.2~17.8 μmol/L；北侧海水 $SiO_4^{2-}$ 浓度均值为 11.94 μmol/L，介于 5.91~23.98 μmol/L。3 m 水深，海水 $SiO_4^{2-}$ 浓度均值为 12.89 μmol/L，介于 4.64~23.98 μmol/L；8 m 水深，海水 $SiO_4^{2-}$ 浓度均值为 7.81 μmol/L，介于 4.2~13.2 μmol/L。双因素方差（分区×深度）分析结果（表 3-9）表明，不同分区（南侧和北侧）和深度（3 m 和 8 m）海水 $SiO_4^{2-}$ 浓度具有显著性差异，但是分区和深度间也不存在交互效应。

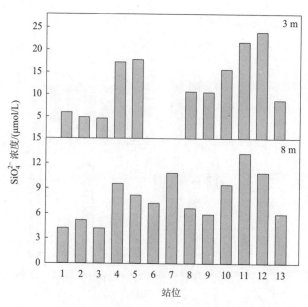

图 3-10 蜈支洲岛不同调查站位海水 $SiO_4^{2-}$ 浓度的空间分布

表 3-9  双因素方差分析结果：不同分区和深度对海水 $SiO_4^{2-}$ 浓度分布的影响

| 源 | III 型平方和 | 自由度 | 均方 | $F$ 值 | $p$ 值 |
| --- | --- | --- | --- | --- | --- |
| 分区 | 99.978 | 1.000 | 99.978 | 4.680 | 0.043 |
| 深度 | 167.912 | 1.000 | 167.912 | 7.861 | 0.011 |
| 分区×深度 | 37.265 | 1.000 | 37.265 | 1.745 | 0.201 |
| 误差 | 427.218 | 20.000 | 21.361 | — | — |
| 总计 | 3176.189 | 24.000 | — | — | — |

## 9. 海水 DO 浓度

每个站位海水 DO 浓度的空间分布见图 3-11。在所有的站位，海水 DO 浓度的均值为 6.52 mg/L，介于 5.11～8.99 mg/L。南侧海水 DO 浓度均值为 6.12 mg/L，介于 5.22～7.44 mg/L；北侧海水 DO 浓度均值为 6.91 mg/L，介于 5.11～8.99 mg/L。3 m 水深，海水 DO 浓度均值为 6.48 mg/L，介于 5.33～8.99 mg/L；8 m 水深，海水 DO 浓度均值为 6.54 mg/L，介于 5.11～7.79 mg/L。双因素方差（分区×深度）分析结果（表 3-10）表明，不同分区（南侧和北侧）和深度（3 m 和 8 m）海水 DO 浓度差异不显著，分区和深度间也不存在交互效应。

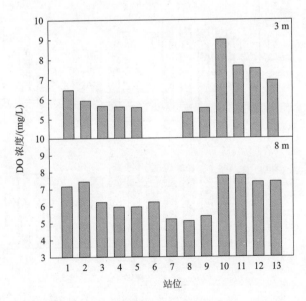

图 3-11  蜈支洲岛不同调查站位海水 DO 浓度的空间分布

表 3-10  双因素方差分析结果：不同分区和深度对海水 DO 浓度分布的影响

| 源 | III型平方和 | 自由度 | 均方 | $F$ 值 | $p$ 值 |
| --- | --- | --- | --- | --- | --- |
| 分区 | 3.230 | 1.000 | 3.230 | 2.921 | 0.103 |
| 深度 | 0.008 | 1.000 | 0.008 | 0.008 | 0.931 |
| 分区×深度 | 0.336 | 1.000 | 0.336 | 0.304 | 0.587 |
| 误差 | 22.111 | 20.000 | 1.106 | — | — |
| 总计 | 1044.235 | 24.000 | — | — | — |

## 10. 海水 pH

每个站位海水 pH 的空间分布见图 3-12。在所有的站位，海水 pH 的均值为 7.99，介于 7.36～8.22。南侧海水 pH 均值为 8.10，介于 8.02～8.22；北侧海水 pH 均值为 7.88，介于 7.36～8.19。3 m 水深，海水 pH 均值为 8.01，介于 7.36～8.22；8 m 水深，海水 pH 均值为 7.98，介于 7.56～8.14。双因素方差（分区×深度）分析结果（表 3-11）表明，不同分区（南侧和北侧）海水 pH 差异显著，但是不同深度（3 m 和 8 m）间海水 pH 差异不显著，分区和深度间也不存在交互效应。

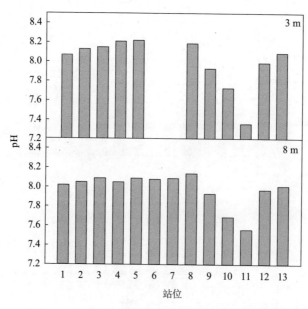

图 3-12  蜈支洲岛不同调查站位海水 pH 的空间分布

表 3-11 双因素方差分析结果：不同分区和深度对海水 pH 分布的影响

| 源 | III型平方和 | 自由度 | 均方 | $F$ 值 | $p$ 值 |
| --- | --- | --- | --- | --- | --- |
| 分区 | 0.353 | 1.000 | 0.353 | 10.832 | 0.004 |
| 深度 | 0.002 | 1.000 | 0.002 | 0.054 | 0.819 |
| 分区×深度 | 0.022 | 1.000 | 0.022 | 0.666 | 0.424 |
| 误差 | 0.652 | 20.000 | 0.033 | — | — |
| 总计 | 1534.460 | 24.000 | — | — | — |

## 11. 海水 Chl a 浓度

每个站位海水 Chl a 浓度的空间分布见图 3-13。在所有的站位，海水 Chl a 浓度的均值为 1.24 μg/L，介于 0.42~2.32 μg/L。南侧海水 Chl a 浓度均值为 1.37 μg/L；介于 0.68~2.32 μg/L；北侧海水 Chl a 浓度均值为 1.1 μg/L，介于 0.42~1.66 μg/L。3 m 水深，海水 Chl a 浓度均值为 1.45 μg/L，介于 0.76~2.32 μg/L；8 m 水深，海水 Chl a 浓度均值为 1.05 μg/L，介于 0.42~1.62 μg/L。双因素方差（分区×深度）分析结果（表 3-12）表明，不同深度（3 m 和 8 m）间海水 Chl a 浓度差异显著，但是不同分区（南侧和北侧）海水 Chl a 浓度差异不显著，分区和深度间也不存在交互效应。

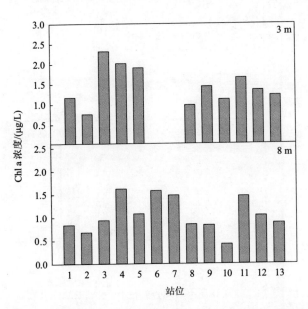

图 3-13 蜈支洲岛不同调查站位海水 Chl a 浓度的空间分布

表 3-12 双因素方差分析结果：不同分区和深度对海水 Chl a 浓度分布的影响

| 源 | III型平方和 | 自由度 | 均方 | $F$ 值 | $p$ 值 |
| --- | --- | --- | --- | --- | --- |
| 分区 | 0.396 | 1.000 | 0.396 | 2.231 | 0.151 |
| 深度 | 0.921 | 1.000 | 0.921 | 5.184 | 0.034 |
| 分区×深度 | 0.000 | 1.000 | 0.000 | 0.000 | 0.990 |
| 误差 | 3.552 | 20.000 | 0.178 | — | — |
| 总计 | 41.517 | 24.000 | — | — | — |

## 12. 礁盘间隙沉积物粉砂—黏土粒级百分比组成（0～63%）

每个站位礁盘间隙沉积物粉砂—黏土粒级百分比组成（以下用 0～63%表示）的空间分布见图 3-14。在所有的站位，表层沉积物 0～63%的均值为 0.88%，介于 0～9.54%。南侧沉积物 0～63%均值为 0.33%，介于 0～1.22%；北侧沉积物 0～63%均值为 1.44%，介于 0.01%～9.54%。3 m 水深，沉积物 0～63%均值为 1.25%，介于 0～9.54%；8 m 水深，沉积物 0～63%均值为 0.58%，介于 0～2.01%。双因素方差（分区×深度）分析结果（表 3-13）表明，不同分区（南侧和北侧）和深度（3 m 和 8 m）间沉积物 0～63%差异不显著，分区和深度间也不存在交互效应。

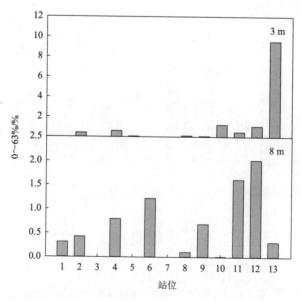

图 3-14 蜈支洲岛不同调查站位 0～63%的空间分布

表 3-13 双因素方差分析结果：不同分区和深度对 0~63%分布的影响

| 源 | III型平方和 | 自由度 | 均方 | $F$ 值 | $p$ 值 |
|---|---|---|---|---|---|
| 分区 | 7.605 | 1.000 | 7.605 | 2.094 | 0.163 |
| 深度 | 1.946 | 1.000 | 1.946 | 0.536 | 0.473 |
| 分区×深度 | 3.238 | 1.000 | 3.238 | 0.891 | 0.356 |
| 误差 | 72.647 | 20.000 | 3.632 | — | — |
| 总计 | 7.605 | 1.000 | 7.605 | 2.094 | 0.163 |

## 13. 巢沙菜的 TON 值

每个站位巢沙菜的 TON 值的空间分布见图 3-15。在所有的站位，巢沙菜的 TON 的均值为 4.79%，介于 3.42%~6.11%。南侧巢沙菜的 TON 均值为 4.12%，介于 3.42%~5.62%；北侧巢沙菜的 TON 均值为 5.34%，介于 3.9%~6.11%。3 m 水深，巢沙菜的 TON 均值为 4.53%，介于 3.69%~5.72%；8 m 水深，巢沙菜的 TON 均值为 5.12%，介于 3.42%~6.11%。双因素方差（分区×深度）分析结果（表 3-14）表明，不同分区（南侧和北侧）巢沙菜的 TON 值具有显著性差异，不同深度（3 m 和 8 m）间差异不显著，但是分区和深度间也不存在交互效应。

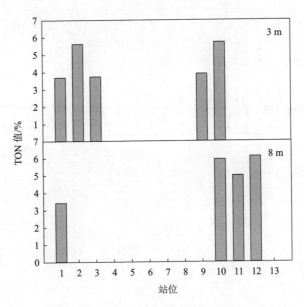

图 3-15 蜈支洲岛不同调查站位巢沙菜的 TON 值的空间分布

巢沙菜的分布仅仅出现在蜈支洲岛的部分站位。在 3 m 水深的 4 号、5 号、8 号、11~13 号站位，8 m 水深的 2~9 号、13 号站位没有采集到巢沙菜，因此以上站位无 TON 数据

表 3-14　双因素方差分析结果：不同分区和深度对巢沙菜的 TON 值分布的影响

| 源 | III型平方和 | 自由度 | 均方 | $F$ 值 | $p$ 值 |
| --- | --- | --- | --- | --- | --- |
| 分区 | 6.846 | 1.000 | 6.846 | 9.913 | 0.007 |
| 深度 | 0.003 | 1.000 | 0.003 | 0.004 | 0.949 |
| 分区×深度 | 3.002 | 1.000 | 3.002 | 4.347 | 0.056 |
| 误差 | 9.669 | 14.000 | 0.691 | — | — |
| 总计 | 6.846 | 1.000 | 6.846 | 9.913 | 0.007 |

## 14. 巢沙菜的 TOC/TON 值

每个站位巢沙菜的 TOC/TON 值的空间分布见图 3-16。在所有的站位，巢沙菜的 TOC/TON 的均值为 8.31，介于 6.61～10.42。南侧巢沙菜的 TOC/TON 均值为 9.3，介于 7.31～10.42；北侧巢沙菜的 TOC/TON 均值为 7.51，介于 6.61～9.42。3 m 水深，巢沙菜的 TOC/TON 均值为 8.64，介于 6.99～9.9；8 m 水深，巢沙菜的 TOC/TON 均值为 7.9，介于 6.61～10.42。双因素方差（分区×深度）分析结果（表 3-15）表明，不同分区（南侧和北侧）巢沙菜的 TOC/TON 值具有显著性差异，不同深度（3 m 和 8 m）间差异不显著，分区和深度间存在交互效应。

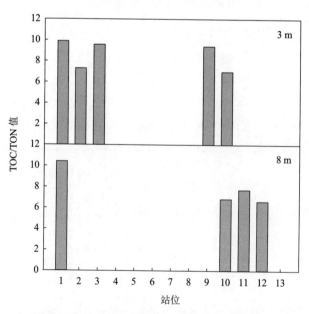

图 3-16　蜈支洲岛不同调查站位巢沙菜的 TOC/TON 值的空间分布

巢沙菜的分布仅仅出现在蜈支洲岛的部分站位。在 3 m 水深的 4 号、5 号、8 号、11～13 号站位，8 m 水深的 2～9 号、13 号站位没有采集到巢沙菜，因此以上站位无 TOC/TON 数据

表 3-15 双因素方差分析结果：不同分区和深度对巢沙菜的 TOC/TON 值分布的影响

| 源 | III型平方和 | 自由度 | 均方 | $F$ 值 | $p$ 值 |
| --- | --- | --- | --- | --- | --- |
| 分区 | 15.523 | 1.000 | 15.523 | 13.631 | 0.002 |
| 深度 | 0.109 | 1.000 | 0.109 | 0.096 | 0.761 |
| 分区×深度 | 6.429 | 1.000 | 6.429 | 5.646 | 0.032 |
| 误差 | 15.944 | 14.000 | 1.139 | — | — |
| 总计 | 15.523 | 1.000 | 15.523 | 13.631 | 0.002 |

## 15. 巢沙菜的 $\delta^{15}N$ 值

每个站位巢沙菜 $\delta^{15}N$ 值的空间分布见图 3-17。在所有的站位，巢沙菜的 $\delta^{15}N$ 均值为 6.52‰，介于 5.97‰~7.18‰。南侧巢沙菜的 $\delta^{15}N$ 均值为 6.22‰，介于 5.97‰~6.53‰；北侧巢沙菜的 $\delta^{15}N$ 均值为 6.77‰，介于 6.48‰~7.18‰。3 m 水深，巢沙菜的 $\delta^{15}N$ 均值为 6.4‰，介于 5.97‰~7.18‰；8m 水深，巢沙菜的 $\delta^{15}N$ 均值为 6.68‰，介于 6.48‰~6.94‰。双因素方差（分区×深度）分析结果（表 3-16）表明，不同分区（南侧和北侧）巢沙菜的 $\delta^{15}N$ 值具有显著性差异，不同深度（3 m 和 8 m）间差异不显著，但是分区和深度间也不存在交互效应。

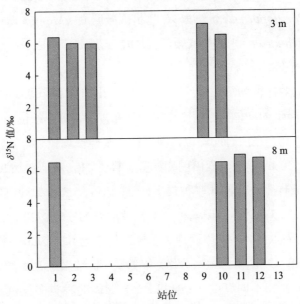

图 3-17 蜈支洲岛不同调查站位巢沙菜的 $\delta^{15}N$ 值的空间分布

巢沙菜的分布仅仅出现在蜈支洲岛的部分站位。在 3 m 水深的 4 号、5 号、8 号、11~13 号站位，8 m 水深的 2~9 号、13 号站位没有采集到巢沙菜，因此以上站位无 $\delta^{15}N$ 数据

表 3-16 双因素方差分析结果：不同分区和深度对巢沙菜的 $\delta^{15}N$ 值分布的影响

| 源 | III型平方和 | 自由度 | 均方 | $F$ 值 | $p$ 值 |
|---|---|---|---|---|---|
| 分区 | 0.728 | 1.000 | 0.728 | 9.811 | 0.007 |
| 深度 | 0.077 | 1.000 | 0.077 | 1.034 | 0.327 |
| 分区×深度 | 0.284 | 1.000 | 0.284 | 3.830 | 0.071 |
| 误差 | 1.039 | 14.000 | 0.074 | — | — |
| 总计 | 0.728 | 1.000 | 0.728 | 9.811 | 0.007 |

## 第三节 珊瑚礁底质类型现状

### 1. 珊瑚种类多样性

通过现场拍照和拍摄录像的方式，本书调查共记录到造礁石珊瑚 13 科 40 属 90 种，多孔螅 2 种（见附录 1 和附录 4）。优势珊瑚类群为鹿角珊瑚属（Acropora）、杯形珊瑚属（Pocillopora）、滨珊瑚属（Porites）、蔷薇珊瑚属（Montipora）和盔形珊瑚属（Galaxea）；优势珊瑚种类包括风信子鹿角珊瑚（Acropora hyacinthus）、多曲杯形珊瑚（Pocillopora meandrina）、叶状蔷薇珊瑚（Montipora foliosa）、细柱滨珊瑚（Porites cylindrica）、澄黄滨珊瑚（Porites lutea）和丛生盔形珊瑚（Galaxea fascicularis）。

此珊瑚种类多样性为每 20 m 长样带所统计出造礁石珊瑚属的数量，每个深度取 4 条 20 m 长样带的均值，用以比较空间分布差异。每个站位珊瑚种类多样性的空间分布见图 3-18。在所有的站位，珊瑚种类多样性均值为 6.7 个/20 m 样带，介于 2.5～10.8 个/20 m 样带。南侧珊瑚种类多样性均值为 7.7 个/20 m 样带，介于 4.5～9.5 个/20 m 样带；北侧珊瑚种类多样性均值为 5.8 个/20 m 样带，介于 2.5～10.8 个/20 m 样带。3 m 水深，珊瑚种类多样性均值为 6.8 个/20 m 样带，介于 2.8～10.3 个/20 m 样带；8 m 水深，珊瑚种类多样性均值为 6.6 个/20 m 样带，介于 2.5～10.8 个/20 m 样带。双因素方差（分区×深度）分析结果（表 3-17）表明，不同分区（南侧和北侧）和不同深度（3 m 和 8 m）珊瑚的种类多样性都没有显著性差异。不过，在 8 m 水深，北侧珊瑚的种类多样性明显低于南侧。

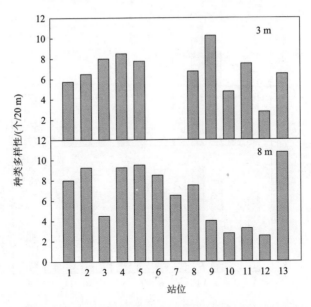

图 3-18 蜈支洲岛不同调查站位珊瑚种类多样性的空间分布

表 3-17 双因素方差分析结果：不同分区和深度对珊瑚种类多样性分布的影响

| 源 | III型平方和 | 自由度 | 均方 | $F$ 值 | $p$ 值 |
| --- | --- | --- | --- | --- | --- |
| 分区 | 18.851 | 1.000 | 18.851 | 3.348 | 0.082 |
| 深度 | 0.389 | 1.000 | 0.389 | 0.069 | 0.795 |
| 分区×深度 | 6.136 | 1.000 | 6.136 | 1.090 | 0.309 |
| 误差 | 112.591 | 20.000 | 5.630 | — | — |
| 总计 | 1223.188 | 24.000 | — | — | — |

**2. 活珊瑚（造礁石珊瑚和软珊瑚）覆盖率**

每个站位活珊瑚覆盖率的空间分布见图 3-19。在所有的站位，活珊瑚覆盖率均值为 28.18%，介于 3.88%～56.88%。南侧活珊瑚覆盖率均值为 41.85%，介于 28.25%～56.88%；北侧活珊瑚覆盖率均值为 14.52%，介于 3.88%～30.01%。3 m 水深，活珊瑚覆盖率均值为 27.08%，介于 3.88%～56.88%；8 m 水深，活珊瑚覆盖率均值为 29.11%，介于 5.25%～48.63%。双因素方差（分区×深度）分析结果（表 3-18）表明，不同深度（3 m 和 8 m）活珊瑚覆盖率没有显著性差异，但是南侧活珊瑚覆盖率显著高于北侧。分区和深度间不存在交互效应。

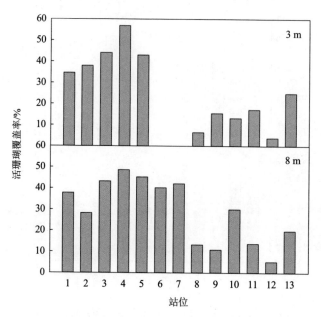

图 3-19　蜈支洲岛不同调查站位活珊瑚覆盖率的空间分布

表 3-18　双因素方差分析结果：不同分区和深度对活珊瑚覆盖率分布的影响

| 源 | III型平方和 | 自由度 | 均方 | $F$ 值 | $p$ 值 |
| --- | --- | --- | --- | --- | --- |
| 分区 | 4 487.406 | 1.000 | 4 487.406 | 74.987 | 0.000 |
| 深度 | 0.548 743 | 1.000 | 0.549 | 0.009 | 0.925 |
| 分区×深度 | 29.802 85 | 1.000 | 29.803 | 0.498 | 0.489 |
| 误差 | 1 196.851 | 20.000 | 59.843 | — | — |
| 总计 | 24 767.37 | 24.000 | — | — | — |

每个站位造礁石珊瑚覆盖率的空间分布见图3-20。在所有的站位，造礁石珊瑚覆盖率均值为19.11%，介于3.88%～44.13%。南侧造礁石珊瑚覆盖率均值为24.4%，介于5.63%～44.13%；北侧造礁石珊瑚覆盖率均值为13.83%，介于3.88%～29.88%。3 m水深，造礁石珊瑚覆盖率均值为20.59%，介于3.88%～44.13%；8 m水深，造礁石珊瑚覆盖率均值为17.86%，介于5.25%～40.63%。双因素方差（分区×深度）分析结果（表3-19）表明，不同深度（3 m和8 m）造礁石珊瑚覆盖率没有显著性差异，但是南侧造礁石珊瑚覆盖率显著高于北侧。分区和深度间不存在交互效应。

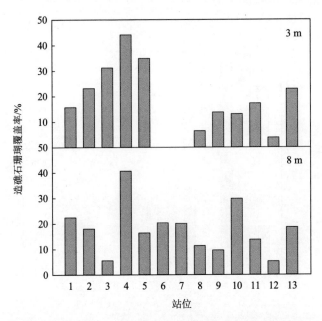

图 3-20 蜈支洲岛不同调查站位造礁石珊瑚覆盖率的空间分布

表 3-19 双因素方差分析结果：不同分区和深度对造礁石珊瑚覆盖率分布的影响

| 源 | III型平方和 | 自由度 | 均方 | $F$ 值 | $p$ 值 |
| --- | --- | --- | --- | --- | --- |
| 分区 | 819.219 | 1.000 | 819.219 | 9.847 | 0.005 |
| 深度 | 27.309 | 1.000 | 27.309 | 0.328 | 0.573 |
| 分区×深度 | 212.954 | 1.000 | 212.954 | 2.560 | 0.125 |
| 误差 | 1 663.931 | 20.000 | 83.197 | — | — |
| 总计 | 11 443.881 | 24.000 | — | — | — |

每个站位软珊瑚覆盖率的空间分布见图 3-21。在所有的站位，软珊瑚覆盖率均值为 9.07%，介于 0~37.63%。南侧软珊瑚覆盖率均值为 17.45%，介于 8%~37.63%；北侧软珊瑚覆盖率均值为 0.69%，介于 0~2%。3 m 水深，软珊瑚覆盖率均值为 6.49%，介于 0~18.88%；8 m 水深，软珊瑚覆盖率均值为 11.25%，介于 0~37.63%。双因素方差（分区×深度）分析结果（表 3-20）表明，不同深度（3 m 和 8 m）软珊瑚覆盖率没有显著性差异，但是南侧软珊瑚覆盖率显著高于北侧。分区和深度间不存在交互效应。

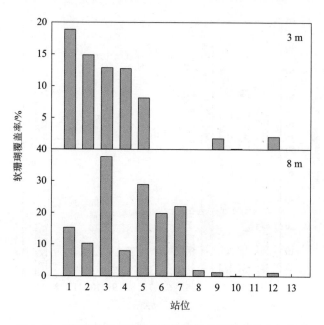

图 3-21 蜈支洲岛不同调查站位软珊瑚覆盖率的空间分布

表 3-20 双因素方差分析结果：不同分区和深度对软珊瑚覆盖率分布的影响

| 源 | Ⅲ型平方和 | 自由度 | 均方 | $F$ 值 | $p$ 值 |
|---|---|---|---|---|---|
| 分区 | 1397.497 | 1.000 | 1397.497 | 33.621 | 0.000 |
| 深度 | 120.600 | 1.000 | 120.600 | 2.901 | 0.104 |
| 分区×深度 | 102.349 | 1.000 | 102.349 | 2.462 | 0.132 |
| 误差 | 831.319 | 20.000 | 41.566 | — | — |
| 总计 | 4514.421 | 24.000 | — | — | — |

### 3. 造礁石珊瑚幼体密度

每个站位造礁石珊瑚幼体密度的空间分布见图 3-22。在所有的站位，珊瑚幼体密度均值为 3.7 个/m²，介于 0.8～7 个/m²。南侧造礁石珊瑚幼体密度均值为 4.9 个/m²，介于 3.6～7 个/m²；北侧造礁石珊瑚幼体密度均值为 2.6 个/m²，介于 0.8～4.8 个/m²。3 m 水深，造礁石珊瑚幼体密度均值为 4.1 个/m²，介于 2.3～6.5 个/m²；8 m 水深，造礁石珊瑚幼体密度均值为 3.4 个/m²，介于 0.8～7.0 个/m²。双因素方差（分区×深度）分析结果（表 3-21）表明，不同深度（3 m 和 8 m）造礁石珊瑚幼体密度没有显著性差异，但是南侧造礁石珊瑚幼体密度显著高于北侧。分区与深度间不存在交互效应。

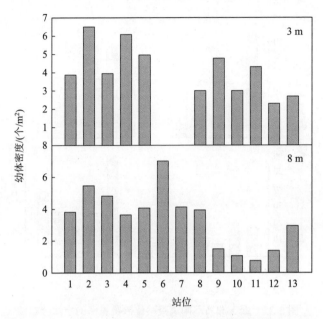

图 3-22 蜈支洲岛不同调查站位珊瑚幼体密度的空间分布

表 3-21 双因素方差分析结果：不同分区和深度对珊瑚幼体密度分布的影响

| 源 | III型平方和 | 自由度 | 均方 | $F$ 值 | $p$ 值 |
| --- | --- | --- | --- | --- | --- |
| 分区 | 23.343 | 1.000 | 23.343 | 15.107 | 0.001 |
| 深度 | 3.419 | 1.000 | 3.419 | 2.212 | 0.152 |
| 分区×深度 | 3.656 | 1.000 | 3.656 | 2.366 | 0.140 |
| 误差 | 30.903 | 20.000 | 1.545 | — | — |
| 总计 | 400.006 | 24.000 | — | — | — |

4. 砂覆盖率

每个站位砂覆盖率的空间分布见图 3-23。在所有的站位，砂覆盖率均值为 15.89%，介于 3.02%～59.63%。南侧砂覆盖率均值为 9.23%，介于 3.02%～21.75%；北侧砂覆盖率均值为 22.54%，介于 3.13%～59.63%。3 m 水深，砂覆盖率均值为 10.96%，介于 3.13%～21.75%；8 m 水深，砂覆盖率均值为 20.06%，介于 3.02%～59.63%。双因素方差（分区×深度）分析结果（表 3-22）表明，不同深度（3 m 和 8 m）和不同分区（南侧和北侧）砂覆盖率存在显著性差异，同时分区和深度间也存在交互效应。8 m 水深的砂覆盖率显著高于 3 m 水深，北侧人类活动强烈的区域，砂覆盖率也显著高于南侧区域。

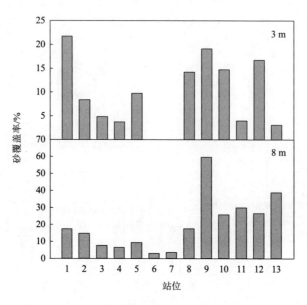

图 3-23 蜈支洲岛不同调查站位砂覆盖率的空间分布

表 3-22 双因素方差分析结果：不同分区和深度对砂覆盖率分布的影响

| 源 | III型平方和 | 自由度 | 均方 | $F$值 | $p$值 |
| --- | --- | --- | --- | --- | --- |
| 分区 | 1 274.580 | 1.000 | 1 274.580 | 15.581 | 0.001 |
| 深度 | 568.273 | 1.000 | 568.273 | 6.947 | 0.016 |
| 分区×深度 | 534.928 | 1.000 | 534.928 | 6.539 | 0.019 |
| 误差 | 1 636.119 | 20.000 | 81.806 | — | — |
| 总计 | 10 152.116 | 24.000 | — | — | — |

## 5. 礁石覆盖率

此处岩石也包括了骨骼不太清晰的死亡珊瑚块和碎枝，因此，这部分覆盖率比较高，而后面死珊瑚覆盖率却较低。每个站位礁石覆盖率的空间分布见图 3-24。在所有的站位，礁石覆盖率均值为 50.55%，介于 28%~77%。南侧礁石覆盖率均值为 43.61%，介于 35.75%~52.13%；北侧礁石覆盖率均值为 57.48%，介于 28%~77%。3 m 水深，礁石覆盖率均值为 56.9%，介于 35.75%~77%；8 m 水深，礁石覆盖率均值为 45.17%，介于 28%~60%。双因素方差（分区×深度）分析结果（表 3-23）表明，不同深度（3 m 和 8 m）和不同分区礁石覆盖率存在显著性差异，同时分区和深度间也存在交互效应。3 m 水深的礁石覆盖率显著高于 8 m 水深，北侧人类活动强烈的区域，礁石覆盖率也显著高于南侧区域。北侧区域中，礁石所占的比例较高。

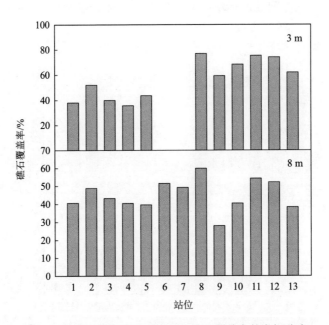

图 3-24 蜈支洲岛不同调查站位礁石覆盖率的空间分布

表 3-23 双因素方差分析结果：不同分区和深度对礁石覆盖率分布的影响

| 源 | III型平方和 | 自由度 | 均方 | $F$ 值 | $p$ 值 |
| --- | --- | --- | --- | --- | --- |
| 分区 | 1 027.368 | 1.000 | 1 027.368 | 13.096 | 0.002 |
| 深度 | 979.349 | 1.000 | 979.349 | 12.484 | 0.002 |
| 分区×深度 | 909.877 | 1.000 | 909.877 | 11.598 | 0.003 |
| 误差 | 1 568.973 | 20.000 | 78.449 | — | — |
| 总计 | 65 491.078 | 24.000 | — | — | — |

## 6. 死珊瑚覆盖率

此处死珊瑚是指珊瑚骨骼依然比较清晰的死亡珊瑚，基本上是近半年死亡珊瑚。每个站位死珊瑚覆盖率的空间分布见图 3-25。在所有的站位，死珊瑚覆盖率均值为 0.49%，介于 0～1.25%。南侧死珊瑚覆盖率均值为 0.62%，介于 0～1.25%；北侧死珊瑚覆盖率均值为 0.37%，介于 0～1.13%。3 m 水深，死珊瑚覆盖率均值为 0.36%，介于 0～1%；8 m 水深，死珊瑚覆盖率均值为 0.6%，介于 0～1.25%。双因素方差（分区×深度）分析结果（表 3-24）表明，不同深度（3 m 和 8 m）死珊瑚覆盖率不存在显著性差异,南侧死珊瑚覆盖率显著高于北侧,分区和深度间存在交互效应。蜈支洲岛近半年死珊瑚覆盖率处在较低水平。

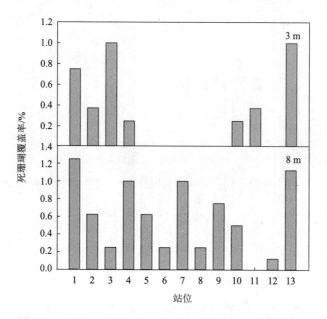

图 3-25　蜈支洲岛不同调查站位死珊瑚覆盖率的空间分布

表 3-24　双因素方差分析结果:不同分区和深度对死珊瑚覆盖率分布的影响

| 源 | III型平方和 | 自由度 | 均方 | $F$ 值 | $p$ 值 |
| --- | --- | --- | --- | --- | --- |
| 分区 | 0.710 | 1.000 | 0.710 | 5.096 | 0.035 |
| 深度 | 0.350 | 1.000 | 0.350 | 2.510 | 0.129 |
| 分区×深度 | 0.049 | 1.000 | 0.049 | 0.350 | 0.561 |
| 误差 | 2.788 | 20.000 | 0.139 | — | — |
| 总计 | 9.626 | 24.000 | — | — | — |

### 7. 多孔螅覆盖率

蜈支洲岛多孔螅覆盖率处在较低水平。每个站位多孔螅覆盖率的空间分布见图 3-26。在所有的站位,多孔螅覆盖率均值为 0.49%,介于 0~2.38%。南侧多孔螅覆盖率均值为 0.18%,介于 0~0.5%;北侧多孔螅覆盖率均值为 0.8%,介于 0~2.38%。3 m 水深,多孔螅覆盖率均值为 0.64%,介于 0~2.38%;8 m 水深,多孔螅覆盖率均值为 0.37%,介于 0~1.13%。双因素方差(分区×深度)分析结果

（表3-25）表明，不同分区（南侧和北侧）和不同深度（3 m 和 8 m）多孔螅覆盖率不存在显著性差异，分区和深度间也不存在交互效应。

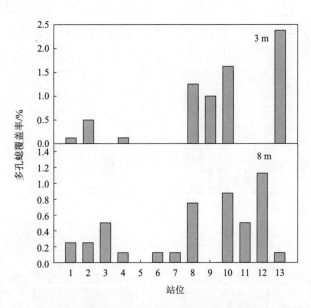

图 3-26　蜈支洲岛不同调查站位多孔螅覆盖率的空间分布

表 3-25　双因素方差分析结果：不同分区和深度对多孔螅覆盖率分布的影响

| 源 | III型平方和 | 自由度 | 均方 | $F$ 值 | $p$ 值 |
| --- | --- | --- | --- | --- | --- |
| 分区 | 0.567 | 1.000 | 0.567 | 1.486 | 0.237 |
| 深度 | 0.424 | 1.000 | 0.424 | 1.113 | 0.304 |
| 分区×深度 | 0.019 | 1.000 | 0.019 | 0.050 | 0.825 |
| 误差 | 7.628 | 20.000 | 0.381 | — | — |
| 总计 | 14.474 | 24.000 | — | — | — |

## 8. 群体海葵覆盖率

蜈支洲岛群体海葵覆盖率处在较低水平。每个站位群体海葵覆盖率的空间分布见图 3-27。在所有的站位，群体海葵覆盖率均值为 1.65%，介于 0~14.63%。南侧群体海葵覆盖率均值为 1.07%，介于 0.13%~3%；北侧群体海葵覆盖率均值为 2.22%，介于 0~14.63%。3 m 水深，群体海葵覆盖率均值为 0.7%，介于 0~2.13%；8 m 水深，群体海葵覆盖率均值为 2.45%，介于 0.5%~14.63%。双因素方差（分区×深度)分析结果(表3-26)表明,不同分区(南侧和北侧)和不同深度(3 m 和 8 m)群体海葵覆盖率不存在显著性差异,分区和深度间也不存在交互效应。群体海葵的分布出现不均一性,双因素方差分析结果并没有呈现出显著性差异,但是局部站位如12号8 m覆盖率高达14.63%,明显高于造礁石珊瑚覆盖率(5.3%)。

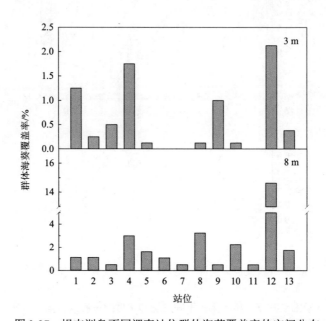

图 3-27 蜈支洲岛不同调查站位群体海葵覆盖率的空间分布

表 3-26 双因素方差分析结果:不同分区和深度对群体海葵覆盖率分布的影响

| 源 | III型平方和 | 自由度 | 均方 | $F$ 值 | $p$ 值 |
| --- | --- | --- | --- | --- | --- |
| 分区 | 9.232 | 1.000 | 9.232 | 1.186 | 0.289 |
| 深度 | 20.336 | 1.000 | 20.336 | 2.612 | 0.122 |
| 分区×深度 | 9.711 | 1.000 | 9.711 | 1.247 | 0.277 |
| 误差 | 155.701 | 20.000 | 7.785 | — | — |
| 总计 | 259.793 | 24.000 | — | — | — |

9. 海绵覆盖率

蜈支洲岛海绵覆盖率处在较低水平。每个站位海绵覆盖率的空间分布见图3-28。在所有的站位,海绵覆盖率均值为0.32%,介于0~2.63%。南侧海绵覆盖率均值为0;北侧海绵覆盖率均值为0.64%,介于0~2.63%。3 m水深,海绵覆盖率均值为

0.66%,介于0~2.63%;8 m水深,海绵覆盖率均值0.03%,介于0~0.25%。双因素方差(分区×深度)分析结果(表3-27)表明,不同分区(南侧和北侧)和不同深度(3 m和8 m)海绵覆盖率都存在显著性差异,分区和深度间也存在交互效应。

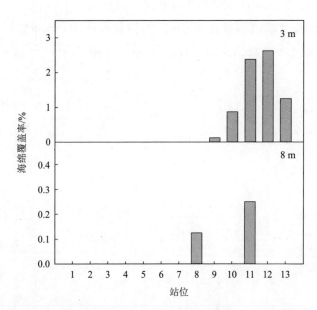

图3-28 蜈支洲岛不同调查站位海绵覆盖率的空间分布

表3-27 双因素方差分析结果:不同分区和深度对海绵覆盖率分布的影响

| 源 | Ⅲ型平方和 | 自由度 | 均方 | $F$值 | $p$值 |
|---|---|---|---|---|---|
| 分区 | 1.659 | 1.000 | 1.659 | 4.433 | 0.048 |
| 深度 | 2.691 | 1.000 | 2.691 | 7.194 | 0.014 |
| 分区×深度 | 1.286 | 1.000 | 1.286 | 3.436 | 0.079 |
| 误差 | 7.482 | 20.000 | 0.374 | — | — |
| 总计 | 15.015 | 24.000 | — | — | — |

## 10. 大型海藻覆盖率

虽然在春季东北角区域出现了大型海藻暴发现象,夏季蜈支洲岛大型海藻覆盖率处在较低水平。每个站位大型海藻覆盖率的空间分布见图3-29。在所有的站位,大型海藻均值为0.51%,介于0~3.63%。南侧大型海藻覆盖率均值为0.89%,介于0~3.63%;北侧大型海藻覆盖率均值为0.13%,介于0~0.63%。3 m水深,大型海藻覆盖率均值为 0.43%，介于 0~2.25%；8 m 水深，大型海藻覆盖率均值为 0.57%，介于 0~3.63%。双因素方差（分区×深度）分析结果（表 3-28）表明，不同分区（南侧和北侧）和不同深度（3 m 和 8 m）和南北侧大型海藻覆盖率都不存在显著性差异，分区和深度间也不存在交互效应。

虽然蜈支洲岛大型海藻覆盖率不高，但是其多样性非常丰富。近 2 年的调查共记录到大型海藻 177 种，其中红藻 103 种，褐藻 20 种，绿藻 45 种，蓝绿藻 9 种[①]。

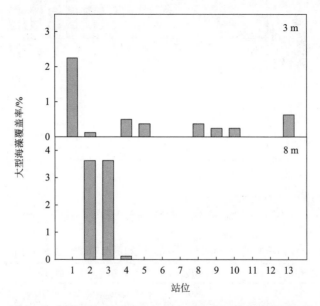

图 3-29　蜈支洲岛不同调查站位大型海藻覆盖率的空间分布

表 3-28　双因素方差分析结果：不同分区和深度对大型海藻覆盖率分布的影响

| 源 | III型平方和 | 自由度 | 均方 | $F$ 值 | $p$ 值 |
| --- | --- | --- | --- | --- | --- |
| 分区 | 3.453 | 1.000 | 3.453 | 3.135 | 0.092 |
| 深度 | 0.079 | 1.000 | 0.079 | 0.072 | 0.791 |
| 分区×深度 | 0.503 | 1.000 | 0.503 | 0.457 | 0.507 |
| 误差 | 22.032 | 20.000 | 1.102 | — | — |
| 总计 | 32.511 | 24.000 | — | — | — |

---

① 资料来源于 Titlyanov & Li 未发表数据。

## 11. 藻皮覆盖率

每个站位藻皮覆盖率的空间分布见图 3-30。夏季蜈支洲岛藻皮覆盖率处在较低水平。在所有的站位，藻皮覆盖率均值为 0.57%，介于 0~5.88%。南侧藻皮覆盖率均值为 0.68%，介于 0~5.88%；北侧藻皮覆盖率均值为 0.46%，介于 0~4.13%。3 m 水深，藻皮覆盖率均值为 1.09%，介于 0~5.88%；8 m 水深，藻皮覆盖率均值为 0.13%，介于 0~0.88%。双因素方差（分区×深度）分析结果（表 3-29）表明，不同分区（南侧和北侧）和不同深度（3 m 和 8 m）藻皮覆盖率都不存在显著性差异，分区和深度间也不存在交互效应。

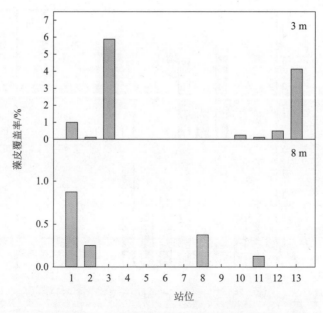

图 3-30 蜈支洲岛不同调查站位藻皮覆盖率的空间分布

表 3-29 双因素方差分析结果：不同分区和深度对藻皮覆盖率分布的影响

| 源 | III型平方和 | 自由度 | 均方 | $F$ 值 | $p$ 值 |
| --- | --- | --- | --- | --- | --- |
| 分区 | 4.566 | 1.000 | 4.566 | 2.775 | 0.111 |
| 深度 | 4.719 | 1.000 | 4.719 | 2.867 | 0.106 |
| 分区×深度 | 3.806 | 1.000 | 3.806 | 2.313 | 0.144 |
| 误差 | 32.912 | 20.000 | 1.646 | — | — |
| 总计 | 53.976 | 24.000 | — | — | — |

## 12. 钙化藻覆盖率

夏季蜈支洲岛钙化藻覆盖率处在较低水平。每个站位钙化藻覆盖率的空间分布见图3-31。在所有的站位，钙化藻覆盖率均值为1.29%，介于0~4.38%。南侧钙化藻覆盖率均值为1.78%，介于0.13%~3.69%；北侧钙化藻覆盖率均值为0.8%，介于0~4.38%。3 m水深，钙化藻覆盖率均值为1.18%，介于0~3.63%；8 m水深，钙化藻覆盖率均值为1.38%，介于0~4.38%。双因素方差（分区×深度）分析结果（表3-30）表明，不同分区（南侧和北侧）和不同深度（3 m和8 m）钙化藻覆盖率都不存在显著性差异，分区和深度间也不存在交互效应。

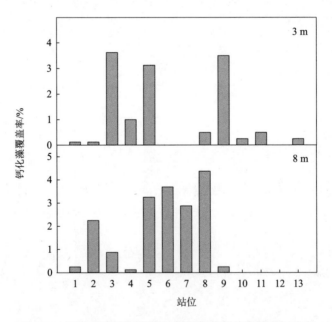

图3-31　蜈支洲岛不同调查站位钙化藻覆盖率的空间分布

表3-30　双因素方差分析结果：不同分区和深度对钙化藻覆盖率分布的影响

| 源 | III型平方和 | 自由度 | 均方 | $F$值 | $p$值 |
| --- | --- | --- | --- | --- | --- |
| 分区 | 3.603 | 1.000 | 3.603 | 1.451 | 0.242 |
| 深度 | 0.179 | 1.000 | 0.179 | 0.072 | 0.791 |
| 分区×深度 | 0.734 | 1.000 | 0.734 | 0.295 | 0.593 |
| 误差 | 49.651 | 20.000 | 2.483 | — | — |
| 总计 | 94.519 | 24.000 | — | — | — |

## 第四节 大型无脊椎动物现状

本书调查共记录到海参 11 种,海胆 7 种,海星 5 种,砗磲 2 种,海螺 8 种(附录 2 和附录 5)。蜈支洲岛大型无脊椎动物种类多样性较高,分布密度也较高(表 3-31),表明不存在潜水捕捞活动,底栖海洋资源得到有效保护。

由于天气原因,本书调查分 2 个阶段完成。第一个阶段完成 1~6 号站位调查;第二阶段,因人手原因,未能在剩余其他站位完成大型无脊椎动物的调查。因此,无法开展两个区域间的比较研究。在所有大型无脊椎动物中,海参的密度非常高,也可见较多的砗磲分布。在 6 号站位,记录到了长棘海星,但是美人虾、法螺、龙虾等生物未记录到。

表 3-31 大型无脊椎动物的分布 (单位:个/100 m$^2$)

| 站位 | 1 | | 2 | | 3 | | 4 | | 5 | | 6 | |
| --- | --- | --- | --- | --- | --- | --- | --- | --- | --- | --- | --- | --- |
| 深度/m | 3 | 8 | 3 | 8 | 3 | 8 | 3 | 8 | 3 | 8 | 3 | 8 |
| 海胆(长刺) | 0 | 3.4 | 0.9 | 1.6 | 0.3 | 1.3 | 0.3 | 0 | 0 | 0 | 0 | 0 |
| 白棘三列海胆 | 0 | 0 | 0.3 | 1.3 | 0 | 0 | 0 | 0 | 0 | 0 | 0 | 0 |
| 海参 | 13.1 | 18.1 | 19.1 | 7.2 | 10 | 9.4 | 1.6 | 4.1 | 0.6 | 4.1 | 1.9 | 5 |
| 海星(其他) | 0 | 0 | 0.6 | 1.2 | 0.9 | 1.3 | 1.8 | 1.3 | 0.3 | 0.6 | 0 | 1.9 |
| 砗磲 | 0.3 | 0 | 0.6 | 0 | 0.3 | 0 | 0.9 | 0 | 0.3 | 0 | 0 | 0 |
| 长棘海星 | 0 | 0 | 0 | 0 | 0 | 0 | 0 | 0 | 0 | 0 | 0.6 | 0.9 |
| 节蜒螺 | 0 | 0 | 0 | 0 | 0 | 0 | 0 | 0 | 0 | 0.3 | 0 | 0.3 |
| 海兔螺 | 0 | 0 | 0.3 | 1.3 | 0 | 0 | 0 | 0 | 0 | 0 | 0 | 0 |
| 海菊蛤 | 0 | 0 | 0 | 0 | 0.3 | 0.6 | 0.3 | 0 | 0 | 0 | 0 | 0 |
| 塔螺 | 0 | 0 | 0 | 0 | 0 | 0 | 0.3 | 0 | 0 | 0 | 0 | 0 |

## 第五节 珊瑚礁鱼类现状

根据中国科学院南海海洋研究所 2015 年 5 月在 9~10 号站位之间设置的 3 个调查站点的调查数据,鱼类密度均值为 80.6 个/100 m$^2$,介于 51.7~133.3 个/100 m$^2$。结合本书调查和海南省海洋与渔业科学院 2017 年调查数据,共在蜈支洲岛记录到珊瑚礁鱼类 33 科 52 属 75 种(附录 3 和附录 6)。记录到的优势种分别是六带豆娘鱼(*Abudefduf sexfasciatus*)、网纹宅泥鱼(*Dascyllus reticulatus*)、断纹紫胸鱼

（*Stethojulis terina*）、霓虹雀鲷（*Pomacentrus coelestis*）、五带巨牙天竺鲷（*Cheilodipterus quinquelineatus*）。由于调查站位和次数的限制，蜈支洲岛珊瑚礁鱼类应多于 75 种，所以有待进一步深入调查。

## 第六节　三亚蜈支洲岛珊瑚礁现状评估

南沙渚碧礁和美济礁截至 2007 年的历年史数据表明（黄晖等，2012；Zhao et al., 2013），渚碧礁潟湖内和美济礁潟湖内点礁和一东北侧站位珊瑚礁处在相对健康的状态，其造礁石珊瑚覆盖率均值为 32.57%，介于 11.78%～61.42%。在太平洋中部的夏威夷群岛西北部的金曼礁（Kingman Reef）和巴尔米拉环礁（Palmyra Atoll），地处偏远，极少受到人类活动的直接影响，它们被认为是这个地球上最健康的珊瑚礁生态系统，具有很多顶级捕食者。这 2 个潟湖造礁石珊瑚覆盖率均值为 35.5%，介于 20%～74%（Williams et al., 2013）。因此，结合以上研究结果和我们在三亚开展的幼体补充工作（李秀保，2011），以及南沙群岛珊瑚礁的现状分级研究结果，我们根据以下标准对蜈支洲岛珊瑚礁进行影响分级和评估：相对健康的造礁石珊瑚覆盖率≥35%；轻度退化的造礁石珊瑚覆盖率 16%～34%；中度退化的造礁石珊瑚覆盖率 6%～15%；重度退化的造礁石珊瑚覆盖率＜6%。

根据以上活造礁石珊瑚覆盖率的评价标准，可以较好地把南侧未开发区域和北侧开发区域活珊瑚的现状区分开来（图 3-32，图 3-33）。南侧区域珊瑚礁处在相对健康的状态，但是北侧珊瑚礁处在轻度到重度退化的状态。

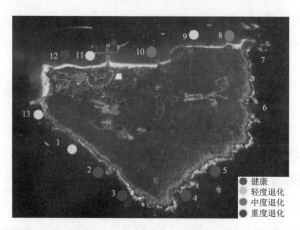

图 3-32　蜈支洲岛 3 m 水深珊瑚礁的健康状态（后附彩图）

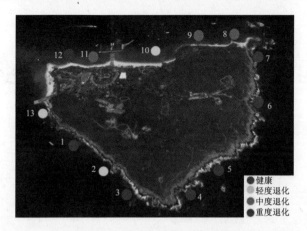

图 3-33 蜈支洲岛 8 m 水深珊瑚礁的健康状态（后附彩图）

# 第四章 三亚蜈支洲岛珊瑚礁的动态变化及退化原因

## 第一节 珊瑚礁底质及生物类群的空间分布与环境控制因子

### 1. 水质环境梯度

在第二章，我们详细地阐述了蜈支洲岛南侧和北侧区域水质环境因子的空间差异。夏季南侧和北侧区域水质环境因子的差别见图 4-1。结果发现，北侧区域人类活动强烈，珊瑚礁区海水的浊度、基底礁石和砂的覆盖率显著高于处于自然状态（较少人类开发活动）的南侧，这表明北侧区域珊瑚礁经受更严重的颗粒物沉积压力。蜈支洲岛水体中夏季营养盐浓度（DIN：3.04 μmol/L，$NH_4^+$：1.27 μmol/L，$NO_3^-$：1.46 μmol/L，$PO_4^{3-}$：0.14 μmol/L）明显高于贫营养盐珊瑚礁水体中的营养盐的浓度水平（Kleypas et al.，1999）。大型海藻巢沙菜的 TON 值（4.79%）和 $\delta^{15}N$ 值（6.52‰）则表明蜈支洲岛珊瑚礁遭受较高的营养盐压力（Risk et al.，2009；Huang et al.，2013）。北侧区域大型海藻的 TON 值和 $\delta^{15}N$ 值显著高于南侧区域，北侧区域的 $NH_4^+$ 浓度是南侧区域的 1.2 倍，这些结果都表明北侧区域遭受了更严重的营养盐压力。因此，蜈支洲岛南—北侧区域存在显著的水体浑浊—营养盐空间梯度，即北侧人类活动强烈区域的珊瑚礁遭受更多的沉积物和营养盐的压力。

图 4-1 表明夏季蜈支洲岛珊瑚礁区水体中无机营养盐没有显著性的空间差异，这可能与夏季强上升流带来营养盐、强烈的水体混合、陆源污水排放的耦合效应有关（Huang et al.，2013；Schmidt et al.，2016）。我们之前的研究结果也表明，琼东上升流和地面径流影响了清澜附近海域（位于琼东上升流核心区域）珊瑚礁区营养盐水平的动态变化（Huang et al.，2013；Li et al.，2015）。我们还观测到深水区域大型海藻的 $\delta^{15}N$ 值比浅水区域的 $\delta^{15}N$ 值高，这可能与上升流带来的营养盐有关（Huang et al.，2013）。

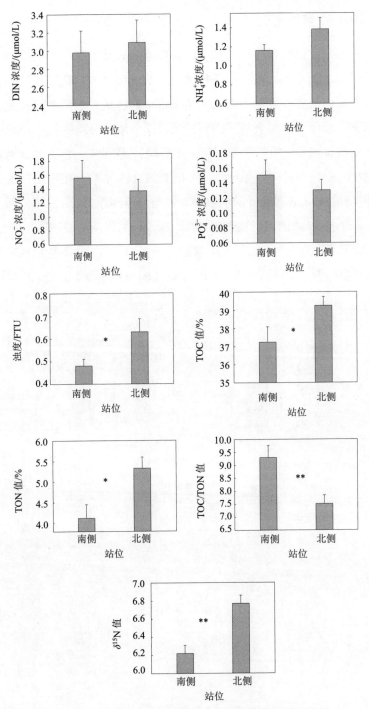

图 4-1 夏季蜈支洲岛南侧和北侧区域的水质环境因子

\*表示 $p<0.05$，\*\*表示 $p<0.01$

## 2. 珊瑚礁的空间变化

沿着从南侧到北侧的水质环境梯度，珊瑚礁的底质类型和群落组成也发生了显著的空间变化（图4-2）。在人为干扰比较大的北侧区域，造礁石珊瑚和软珊瑚覆盖率、珊瑚幼体密度显著低于南侧人类干扰小的区域。然而礁石覆盖率和砂覆盖率正好相反，北侧区域显著高于南侧区域。随着水质环境变化，珊瑚礁底质类型组成将从造礁石珊瑚（如鹿角珊瑚和蔷薇珊瑚）、软珊瑚、礁石和砂为主导转变成礁石、砂和耐受性石珊瑚（如滨珊瑚）的组成（图4-3）。在珊瑚群落组成中，沿着水质环境梯度，3 m和8 m深的软珊瑚、鹿角珊瑚属（*Acropora*）和蔷薇珊瑚属（*Montipora*）、8 m深的杯形珊瑚属（*Pocillopora*）和盔形珊瑚属（*Galaxea*）都显著减少，而滨珊瑚属（*Porites*）显著增加（图4-4）。与成体珊瑚组成相似，沿着退化的水质环境梯度，幼体造礁石珊瑚（直径＜5 cm）的群落组成也将从鹿角珊瑚

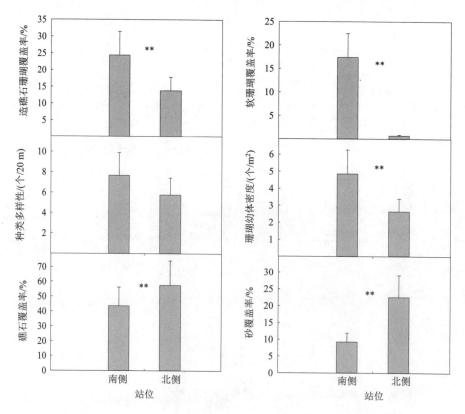

图4-2　蜈支洲岛南侧和北侧区域的珊瑚礁底质类型和生物群落组成的空间分布
\*\*表示 $p<0.01$

属、杯形珊瑚属和蔷薇珊瑚属转变成环境耐受的块状珊瑚,如滨珊瑚属(图4-5)。例如,我们在10号站位的8m水深记录到了细柱滨珊瑚(*Porites cylindrica*),其覆盖率达到了30%,这是对退化水质环境高度适应的种类。和国际上的研究结果一致,沿着水质环境退化的空间梯度,珊瑚的覆盖率、种类多样性、幼体密度都会降低,珊瑚的种类组成也由敏感种类转变成耐受种类(van Woesik et al.,1999;Golbuu et al.,2008;Fabricius et al.,2005)。

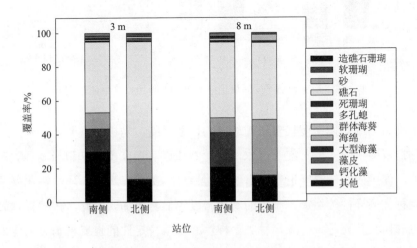

图4-3 蜈支洲岛不同区域珊瑚礁底质类型组成(后附彩图)

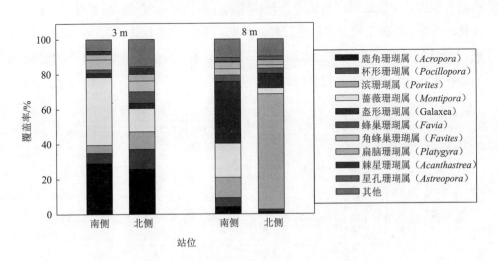

图4-4 蜈支洲岛不同区域造礁石珊瑚覆盖率(后附彩图)

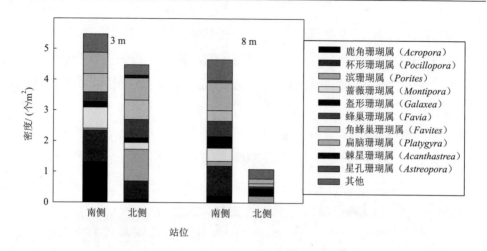

图 4-5 蜈支洲岛不同区域造礁石珊瑚幼体组成（后附彩图）

造礁石珊瑚幼体密度代表了珊瑚礁的恢复潜能，是极其重要的一个指标。相关性分析表明（图 4-6），在 3 m 水深，随着造礁石珊瑚覆盖率和珊瑚种类多样性的增加，珊瑚的幼体密度也呈现出增加的趋势。在 8 m 水深，随着钙化藻覆盖率和珊瑚种类多样性的增加，珊瑚的幼体密度也显著增加。因此，在蜈支洲岛，珊瑚幼虫的自我补充是维持珊瑚种类多样性和群落稳定性的重要机制。钙化藻首先具备钙化和黏结固定底质的作用，同时它会分泌出化学物质，促进珊瑚浮浪幼虫的附着和生长，促进珊瑚幼体的补充和珊瑚礁的恢复。但是在深水区域，礁盘碎片化和砂化（即礁盘被更多的碎石和砂占据，见图 4-3）也正在阻止珊瑚的幼体补充，这也可以解释为什么 3 m 水深造礁石珊瑚覆盖率与幼体密度呈显著的正相关，但是在 8 m 却没有显著的相关性。

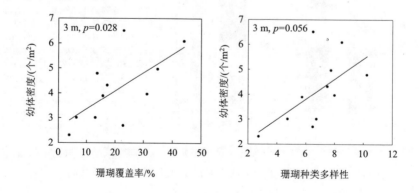

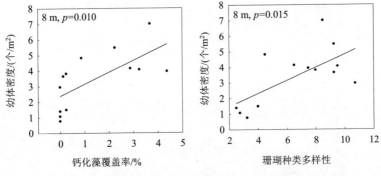

图 4-6 珊瑚幼体密度与其他底栖生物指标的相关性分析

### 3. 珊瑚礁生物群落与水质环境因子的关系

随着环境因子的空间变化,珊瑚礁生物群落也随之发生显著的变化(图 4-7)。在 3 m 水深,随着浊度的增加及砂覆盖率和礁石(包括了碎石)覆盖率的增加,造礁石珊瑚覆盖率显著降低。在 3 m 水深,软珊瑚的覆盖率随着礁石覆盖率的增加而显著降低;在 8 m 水深,软珊瑚覆盖率随着砂覆盖率的增加而显著降低。在 3 m 水深,珊瑚种类多样性随着 $NH_4^+$ 浓度的增加也显著降低。在 3 m 水深,珊瑚的幼体密度随着礁石覆盖率增加呈现出下降的趋势;在 8 m 水深,幼体密度随着砂覆盖率增加、$NH_4^+$ 浓度的增加,都呈现出下降的趋势。以上结果表明,浊度、$NH_4^+$ 浓度、砂覆盖率、礁石(尤其碎石部分)覆盖率这些环境因子对珊瑚的空间分布都具有较好的指示作用。珊瑚礁基底部分泥沙、碎石的增多,不利于珊瑚浮浪幼虫在基底的附着与成活,还会随着再悬浮对附近珊瑚造成生理胁迫。当台风来临时,巨大的物理扰动形成的水流不停翻转泥沙和珊瑚碎石,会对珊瑚造成负面影响。

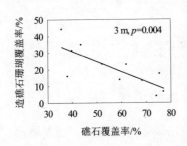
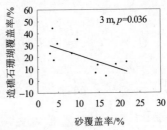

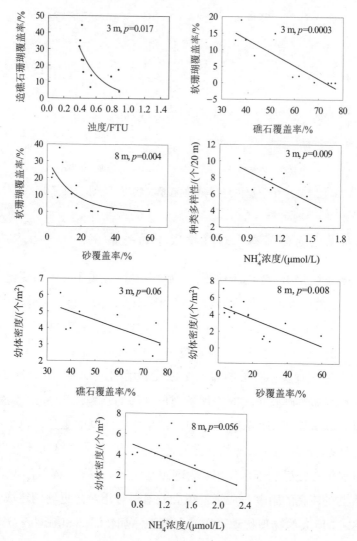

图 4-7 珊瑚覆盖率、种类多样性、幼体密度与环境因子的相关性分析

# 第二节 三亚蜈支洲岛珊瑚礁的退化及原因分析

## 1. 近 10 年来蜈支洲岛珊瑚覆盖率的变化

在过去的几十年,世界范围内珊瑚礁出现显著的退化。在大堡礁,大范围调查数据表明,1985~2012 年活珊瑚覆盖率从 28% 降低到 13.8%(De'ath et al.,

2012)。在加勒比海,1977~2001 年活珊瑚覆盖率从 50%降低到 10%(Gardner et al.,2003)。在中国南海,过去的 10~15 年内,活珊瑚覆盖率从>50%降低到不到 20%(Hughes et al.,2013)。在三亚珊瑚礁保护区内,3 m 水深造礁石珊瑚覆盖率从 2006 年的 42.6%,降低到 2010 年的 21%和 2014 年的 14.1%,8 m 水深造礁石珊瑚覆盖率从 2006 年的 33.3%,降低到 2010 年的 18.9%和 2014 年的 19.1%[①]。三亚的珊瑚礁在近 10 年也出现了较显著的退化。

基于 2007~2016 年《海南省海洋环境状况公报》发布的数据(图 4-8),蜈支洲岛(2 个站位,靠近 9 号和 13 号站位)造礁石珊瑚覆盖率出现了显著的降低,从 2007 年的接近 80%,降低到 2010 年的不足 40%,短短的三四年间出现了显著的退化。自 2010 年之后,首先出现小幅度回升,然后处在相对稳定的状态。

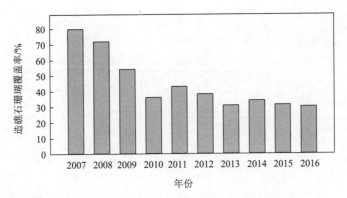

图 4-8　蜈支洲岛造礁石珊瑚覆盖率的变化

## 2. 蜈支洲岛珊瑚礁退化原因分析

蜈支洲岛的大规模建设处于 2008~2010 年。随着 2011 年之后旅游设施的逐步建成,上岛游客数量不断攀升。据统计,2008 年上岛年游客总量约 30 万人,2012 年开始达到了 100 万人,到了 2017 年游客数量约 300 万人。大量的游客上岛必然会带来污水排放。

北侧珊瑚礁的退化可能与以下三个方面的因素有关。第一,2008~2010 年蜈支洲岛北侧区域的建设工程可能对北侧珊瑚礁造成了重要影响。如木屋建设引起

---

① 资料来源于李秀保未发表数据。

大量泥土流失到珊瑚礁区，引起珊瑚的窒息死亡。第二，雨季藤桥水库泄洪带来大量的冲淡水、悬浮物、营养盐和其他污染物质，可能也严重地影响了蜈支洲岛北侧区域珊瑚礁水质环境。具体的影响范围、程度还有待进一步深入研究。第三，2011年之后，蜈支洲岛旅游人口爆发性增长，引起了近海区域的水质环境的变化。如 2017 年夏季北侧区域监测记录到了大型海藻的暴发，2018 年夏季发现小核果螺数量爆发性增长，并大肆啃食活珊瑚，这已成为影响蜈支洲岛珊瑚礁的一个新的隐患。基于 2017 年夏季的研究数据，珊瑚的健康指标与水质环境因子呈现出负相关性，这说明随着水体浑浊、营养盐增多，珊瑚的健康状况是下降的，需要采取有效的保护措施，确保蜈支洲岛珊瑚礁生态系统处在可持续利用的状态。

# 第五章 三亚蜈支洲岛珊瑚礁生态修复

## 第一节 珊瑚礁生态修复的背景介绍

### 1. 珊瑚礁生态修复的原因和目的

严格来说,健康的珊瑚礁生态系统在受到小的扰动后基本都会主动恢复到扰动前的状态,甚至可以从严重干扰中恢复,但是完全恢复可能需要花费数十年时间,这在生态进化时间尺度上是短暂的,但是在人类的生活时间尺度上是长久的。如果一个珊瑚礁生态系统退化非常严重或者受损面积较大,顺其自然发展,很可能会导致其进一步退化。在这种情况下,珊瑚礁生态修复就显得尤为重要了,因为它有可能使珊瑚礁生态恢复到一个比较理想的状态。由于珊瑚礁生态系统的复杂性,大多受损后的珊瑚礁很难恢复到扰动前的状态(Edwards & Gomez, 2007)。

有些珊瑚礁区域长期受人类活动影响,需要采取一些间接的管理措施才能使其自然恢复,包括污水处理、水域管理和渔业执法等。当然也可以采取一些直接的干预措施加速修复,如珊瑚移植或者基质稳固等。受人为影响的珊瑚礁生态系统可能无法恢复到干扰前的状态,但是有可能转化为以藻类或者其他种类珊瑚为优势种的不同于受干扰前的生态系统。在长期受人类活动影响的区域,因长期过度捕捞、泥沙淤积、富营养化等导致珊瑚礁生态系统退化,政府倾向于采用海岸带管理(如海洋保护区、海洋公园)与本地修复相结合的方式进行珊瑚礁生态修复。

珊瑚主导的生态系统由于受干扰影响,可能转化为其他稳定状态的生态系统。珊瑚的增殖护养成本是非常高的,远远高于海草或者红树林的增殖护养。试图去修复一个已经转变为另一种稳态的生态系统的成本将会更高。然而,管理措施与主动修复的结合,可能会提高珊瑚礁生态系统的弹性和降低其转变为其他类型生态系统的可能性(Heeger & Sotto, 2000)。

珊瑚礁生态修复的主要目的是改善退化珊瑚礁生态系统的结构和功能。一方面要考虑生物多样性和复杂性,另一方面要考虑生物量和生产力。

## 2. 珊瑚礁生态修复活动的局限性

珊瑚礁生态系统非常复杂,修复活动仍处于起步阶段,有限的恢复潜力不应该用来作为同意某些项目实施的唯一评判标准,否则将会导致健康珊瑚的退化。

珊瑚礁生态修复不应该被夸大,应该清楚地认识它的局限性。通过对比珊瑚礁生态修复的规模和珊瑚礁退化的规模,发现两者是不相匹配的(相差几个数量级)。在东南亚一些国家,由于当地居民对珊瑚礁的影响,估计退化的珊瑚礁达到 $100\sim1000\ km^2$,而增殖护养仅成功进行了几十平方米到几公顷的规模。对于大范围的珊瑚礁生态系统来说,自然扰动不一定是一个问题,因为健康的珊瑚礁具有弹性,在没有别的胁迫的情况能够自行恢复(Richmond,2005)。

在一个修复区域内,应该指出数公顷规模的修复是否能使几十平方公里范围内的退化珊瑚礁受益。另外,还应该指出以小群落为基础的珊瑚礁生态修复是否能够产生可持续生长的珊瑚礁生态系统,以及是否存在可持续生长所需要的最小尺寸。

## 3. 主动修复评估

珊瑚礁生态修复是海岸带综合管理中的一部分。决定是否进行主动修复的重要因子应该是当地的环境状况。如果当地环境状况良好,退化面积小,珊瑚礁生态修复没有物理阻碍(如松散碎石),退化斑块可能在 5~10 年内自然恢复,那么在这种情况下,主动修复收益可能非常有限。如果当地环境状况非常糟糕(高营养盐输入、泥沙淤积、过度捕捞等),建立可持续生长的珊瑚群落的概率非常小,那么在这种情况下,修复之前必须采取一些管理措施。

在开展珊瑚礁生态修复活动之前,必须进行正确的评估,来决定是否有必要进行主动修复及采用的修复手段。可以采用决策树评估受损区域珊瑚礁恢复潜力及修复方法,见图 5-1。

对于真正的珊瑚礁生态修复来说,第一个问题即在退化之前这个地方是否存在珊瑚群落是没有必要的,但对一些旅游景区来说,想要在安全的潟湖地区建造珊瑚景观,这就需要考虑。最终的决定因素是生态制约,而并非经济因素和人为意愿。

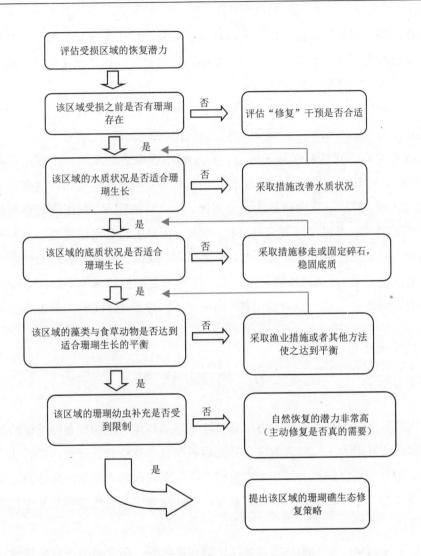

图 5-1　决策树评估受损区域珊瑚礁恢复潜力及修复方法 （Edwards & Gomez，2007）

第二个问题是水质的问题。尽管有些区域以前有大量的珊瑚分布，但在水质恶化后，这些区域只有少数耐受性较强的珊瑚存活。如果想要修复到之前多样化的状态，首先要考虑采取一些措施来改善水质，否则主动修复是无法成功的。

下一个问题就是关于是否有必要先进行一些物理修复。如果需要，这将会是一笔巨大的开支。如果需要而又不进行物理修复，那之后生物修复工作也有可能失败。在这种情形下，只能利用有限的资金对部分区域进行修复。

最难解答的问题是移植珊瑚的可持续性。修复的目的是恢复到可自我维持的状态。移植的珊瑚或许可以存活下来，如果它们的繁殖过程受到胁迫，无法产生新的珊瑚后代，种群最终仍无法保持稳定。如果食草动物很少，大型藻类猖獗，也没有珊瑚幼体的迹象，从长远的角度来看，移植是没有用的，或许一些管理措施会更有帮助（如渔业管理、减少营养物质的输入）。

最后要关心的问题是修复区内是否有足够的珊瑚幼虫来源。在有些珊瑚礁区域，水流中只有极少量的珊瑚幼虫和其他无脊椎动物幼虫，相比其他有更多幼虫来源的区域，其从干扰中恢复的速度更慢。在这种情况下，利用珊瑚移植建立一个本地珊瑚种群可以加速其恢复过程。所以，在健康的有良好珊瑚幼虫补充的珊瑚礁中，主动修复的生态意义不大。尽管如此，或许会有其他驱动力推动主动修复（如经济需求），在这种情况下，用于主动修复的巨额成本不如用来减少人类活动的影响或者采取一些管理措施（如更好的海岸管理）（Edwards & Gomez, 2007）。

## 第二节 物 理 修 复

物理修复主要是利用工程的方法修复珊瑚礁的环境，生物修复则是以修复生物群落和生态环境为主。前者的成本会比后者高几个数量级。珊瑚、砗磲和大海绵能为生态系统提供结构支撑和生物组成，所以有时候物理修复和生物修复的区分也是模糊的。有些修复只需要物理修复，有些修复则需要物理修复和生物修复结合起来。

有些破坏活动，如船舶搁浅、珊瑚挖掘和炸鱼等，均会对珊瑚礁结构造成严重的物理伤害，或者一些不稳定区域，如珊瑚碎屑区域，如果不采取物理修复措施，即使花上几十年也是难以自然恢复的。一般来讲，物理修复是一项非常昂贵的工程（每公顷要花费十万至百万美元）。

### 1. 受损珊瑚礁的紧急处理和修复

当一些突发事件破坏了珊瑚礁（推翻珊瑚、压碎珊瑚、其他生物附着或外来物沉积在珊瑚礁中），这时候紧急处理对修复是很有帮助的。这或许涉及固定、重新安装珊瑚和其他礁栖生物，或者至少将它们转移到一个安全的环境中。紧急处理需要参照标准（如大小、年龄、更换难度，以及对生境多样性的贡献）决定哪些珊瑚优先进行急救处理。外来物可能会随着波浪对完好的区域造成危害或污染。每年台风过后，沉积后的物质都应该从珊瑚礁中清除掉。船舶搁浅也会对珊瑚礁构架的完整性造成威胁，又如一些碎石区可能在风暴中继续扩大，在这些情况下就需要进行物理修复。

在不稳定的碎石区域，珊瑚会被磨掉或者埋起来，存活的概率相当低，这些移动的碎石区域被称为"珊瑚的坟墓"。在风暴潮期间，这些被扰动起来的碎石的影响可能蔓延到邻近的珊瑚礁区域，并对珊瑚造成损害。这些碎石既可以去除也可以固定，但是在高能量环境中固定碎石既昂贵又困难。目前通过浇筑混凝土到碎石上来固定碎石的方法取得了部分成功，但是风暴潮还可能对其造成冲刷和破坏。

有些情况下用大的石灰岩覆盖碎石，可以取得较好的效果（成本更低）。值得注意的是，石灰岩应该足够大而且能保持稳定，甚至是在台风中也不会移动。

### 2. 人工鱼礁的构建

人工鱼礁属于物理修复范畴，材料可以从石灰石、钢铁到设计好的混凝土。在修复项目中使用这些材料应该慎重考虑，因为引入人工基质是一种替代活动，存在一定的风险。

人工鱼礁应用于修复珊瑚礁生态系统主要适用于缺少珊瑚幼虫附着基底的区域，如泥沙底质区域，或者底质类型不稳定的区域，如珊瑚碎屑区域。因为碎屑区域的不稳定性，在波浪等的作用下，珊瑚碎屑可能把刚附着的珊瑚幼虫或者小的珊瑚个体摩擦至死。人工鱼礁的作用就是提供珊瑚幼虫附着基质及稳固底质。

人工鱼礁的外形设计多种多样，主要根据当地的实际情况进行考虑，可以是圆柱状、盒状、桌状、球状、平板状等。

## 第三节 生物修复

生物修复应该看作是总体环境的修复，包括生物环境和人为管理环境修复。

最常见的生物修复手段就是移植珊瑚到退化的地区。值得一提的是，一定要尽量降低对供体珊瑚的影响，并尽量提高移植珊瑚的存活率。只有当一个自我支持的、功能正常的珊瑚礁系统出现，修复工作才算获得成功。

### 1. 珊瑚的无性繁殖

（1）珊瑚移植

在过去的十几年里珊瑚移植在珊瑚礁生态修复中发挥了重要的作用，成为修复珊瑚礁的主要手段。珊瑚移植的主要工作是把珊瑚整体或部分移植到退化区域，改善退化区域的生物多样性。

珊瑚移植最大的问题是珊瑚来源的问题，为了获得移植源，可能需要从其他珊瑚群落收集一些珊瑚。通常，从珊瑚供体取得的小片段在一段时间的培养后，会生长为一个小的群落，然后再进行移植。

在很多礁区都可以发现不少由于自然事件从珊瑚上脱离的片段，这些片段如果不被固定的话很难存活。通常，这些片段的一部分正在或已经死亡，被视为一种没有争议的移植源。部分死亡的片段在剪除死亡的部分后也能成为很好的移植源。枝状种类的珊瑚能提供较多的移植源，块状的珊瑚则较少。

无论是直接移植或培育后移植，应取用供体群落的一小部分（少于10%），这样可以将供体群落的生存压力降到最小。在没有更好地了解修剪对于珊瑚群落造成的影响之前，建议最好遵循谨慎的原则，不要剪除超过10%的珊瑚群落。对于大块的珊瑚群落，最好从群落的边缘移取片段（Cesar，2000）。

（2）珊瑚的无性培育

珊瑚的无性培育是指从片段生长成个体，是一种常见的珊瑚培育方法，单个个体能够成长为一个群落。通常使用大片段（3~10 cm），它们被培育在原位环境中如海底或中层水中。无性培育的目标是：①最大化利用给定数量的材料，最大程度降低对供体的损害；②从小片段生长成的小群落应该比直接移植的小片段的存活率更高；③可以建立小的珊瑚种源库，随时提供可用的移植源。

无性培育的潜在好处是，单一个体片段能产生数以百计的小个体。培育片段越小，所需培育时间越长，也需要更好的培育环境。约3 cm的片段可能需要9~12个月，才能生长成相当于拳头大小的个体。

移出地的环境条件应该和移入地的环境条件相匹配，中间培育站点也应该尽可能和这两个站点的环境条件类似。经验表明，如果培育站点的环境和移出地显著不同，培育的珊瑚存活率就较低。

单一个体能产生上百个体，这对于修复工作来说是非常有用的，但是实际的修复工作需要考虑遗传多样性。收集珊瑚片段或者从大量供体中采集少量断枝，是一些比较有前景的移植方式，能够确保遗传多样性。如果还可以鉴别出抗白化型或者耐受基因型，那么无性培育就是一个有前景的并能够培育大量移植珊瑚个体的良好修复途径（Harriott & Fisk, 1995）。

### 2. 珊瑚的有性繁殖

珊瑚排卵主要取决于四个因素：时间、水温、潮汐和月圆周期。大部分珊瑚排卵的时间是一致的，一般发生在春季，如鹿角珊瑚每年在5～6月集中排卵，滨珊瑚每年在4～5月排卵，也有一些珊瑚每年会多次排卵，每年时间也几乎固定。水温是珊瑚排卵的限制因子，对于印度洋－太平洋地区的珊瑚来说，当水温达到26℃时就可能排卵。珊瑚大都在潮汐变化最小的时候排卵，这时珊瑚礁附近海域水流最小，有利于授精作用的完成。但是也有些珊瑚是在大潮的时候排卵，这可能是受到水流的刺激。大部分的珊瑚会在月圆前后的几天里排卵，这可能是受光线诱导的缘故。

珊瑚的性成熟可以根据珊瑚的性腺来估计，大部分的珊瑚是在珊瑚虫3～5岁以后才出现性腺的。但是，实际上控制珊瑚达到性成熟的关键因素并非年龄，而是珊瑚群体的大小，虽然年龄也是很重要的因素。对块状珊瑚来说，投影面积应该不小于80～100 $cm^2$，对枝状珊瑚来说，枝杈的长度应该达到10～20 cm。已经达到性成熟的珊瑚片段从原来的群体分离出来，适应并成长为新的个体以后失去了繁殖的能力，体内的性腺也消失了。只有在新的群体达到一定的大小，珊瑚虫达到一定的数量以后，它们的繁殖才重新开始。移植珊瑚里的卵细胞的发育有两种可能，一是卵细胞在小的片段里被吸收，在大的片段里继续发育；二是卵细胞在发育早期被吸收，在发育后期则继续发育。这主要是因为小的片段需要较多的能量存活和发育（Precht, 2006）。

珊瑚有性繁殖的方式直接显示了它们的生殖对策。大部分胎生的珊瑚为 r-对策者，它们的繁殖主要是对自己基因的复制，且全年繁殖，以月为周期排放。胎生会提高受精作用的成功率，缩短幼虫期。幼虫期缩短以后，幼虫会很快地在母体附近附着，减少被捕食的概率及死亡率。因为有着和母体一样的遗传特性，它们能很快适应其附着的生境。此外，它们体内储存了大量的类固醇类油脂，占到干重的70%多。这种高热量物质的大量储存可以在它们附着之前为它们提供能量，确保它们能存活较长的时间。同时，这种繁殖方式使它们有较强的幼虫，增强了它们在补充后备资源中的竞争力。r-对策珊瑚的有性繁殖特征使它们在环境压力很大的区域能够有较大的机会存活下去，发展为优势种。

珊瑚中的k-对策者，它们是以年为周期繁殖的，大部分是卵生的，只有少数是胎生的。它们的幼虫在附着之前可以在水中存活较长时间，其排卵方式使它们有很大的机会进行杂交，这样后代的存活能力、适应性会更强，在陌生的生境中存活的概率会更大。大量的种同时排卵，也为种间杂交提供了条件，这就会促进k-对策的珊瑚出现新的变种和新的物种。群落中几乎所有的珊瑚同时排卵，大量同种珊瑚的精子和卵子聚集在海面上，形成紫色的漂浮物，这种大量珊瑚同时排卵的生物学原因就是短时间的大量排卵可以降低卵被鱼类、浮游动物及底栖动物捕食的概率，提高存活机会。

对珊瑚有性繁殖的研究可以使我们更好地了解珊瑚的生活史，以及卵的发育，为珊瑚幼虫的附着做好准备工作。有些珊瑚退化区域并不是缺少珊瑚的后备补充——珊瑚幼虫，而是由于底质没有固定或是附着了别的藻类使幼虫不能附着，所以这些区域应该移走水域中的碎石，或是用混凝土固定，同时还应该清除底质上的大型藻类。如有学者在退化区域放养海胆、贝类等刮食动物，它们可以刮食底质上的藻类，为珊瑚幼虫的附着提供基质。

在自然界中，绝大多数珊瑚卵都不能存活，但是如果珊瑚幼虫或者珊瑚卵能够被采集和人工培育，死亡率会大幅降低，而这些幼虫还可以作为具有潜在价值的珊瑚补充源。珊瑚的有性繁殖具有两大优点：第一，只需要少量的片段供体，可以减少对珊瑚源的破坏；第二，有性繁殖的珊瑚不是克隆体，可以有效增加珊瑚的遗传多样性。

珊瑚幼虫可以被收集，培养一段时间就可以定植在水族箱里面，随后这些小珊瑚就可以长到适合移植的大小。这还正在研究当中，相比于无性繁殖，科技含量更高。有两种方法收集珊瑚幼虫，其中之一就是收集产卵珊瑚，然后置于水族箱里面直到其产卵。另外一种方法就是每年定期 1~2 次到珊瑚海域收集成千上万的珊瑚幼虫，然后原位或者异位培养（Clark，2002；Omori & Fujiwara，2004）。

### 3. 珊瑚的固定

移植的珊瑚都应固定到礁基上，可以用胶合剂、钉子、扎带等工具。固定后，珊瑚通常能够在几个星期内自行附着，脱落的珊瑚可能会死亡。

移植固定方法的有效性取决于：①移植的规模和形式；②栖息地在海流和波浪运动中的暴露情况；③礁基本身的性质。在各类修复活动中，通过胶合剂和扎带结合的方法可以很好地固定不同种类的珊瑚。

尽管扎带能使珊瑚片段在几个星期到几个月内附着，不过一般应尽量减少人工材料进入珊瑚礁环境。一旦珊瑚片段附着到礁基上，其脱落风险就会大大减小。

一个低成本的移植固定方法就是寻找适合枝状珊瑚附着的天然缝隙，或者用气钻钻出一个合适的孔洞，然后将移植的珊瑚插入其中，再用胶合剂固定，即能成功将移植珊瑚固定在礁石上。

### 4. 珊瑚种类的选择

必须先找出哪些物种适合在修复区域生存，而周围健康的珊瑚礁生态系统，或者该地区的历史数据可以提供一些建议。例如，如果只有耐沉积物物种能在修复区域生存，那么就不太可能将不耐沉积物的物种引种成功，除非减少或者去除沉积物的来源。候选物种必须是那些能在相同环境下生存的物种。

枝状珊瑚如杯形珊瑚和鹿角珊瑚往往是快速增长和易于断裂的，因此它们也常被作为移植物种，因为这些珊瑚能在相对较短的时间内迅速增加珊瑚覆盖率，如鹿角珊瑚在 7 年内可以长到 1.3 m 宽。然而缺点就在于它们趋向于：①变得更敏感，比增长缓慢的珊瑚存活率更低；②更容易受到气候变暖因素的影响，也更容易出现大量白化死亡的现象；③相比于其他科的珊瑚，它们更容易出现病害现象。因此，珊瑚礁修复项目中存在的重大风险与移植物种密切相关。

其他生长形状（块状、亚块状、叶状）和其他科的枝状种类，像滨珊瑚科（Poritidae）和裸肋珊瑚科（Merulinidae），虽然生长较慢，但有些却能更好更长久地生存,因为这些种类对移植和变暖现象不敏感。对于这些生长较慢的种类来讲,主要的缺点在于改变生境复杂性方面的速度太慢(复杂地形能为鱼类和其他动物提供庇护所,从而可以吸引更多鱼类聚集)。

各种类型珊瑚混合移植是比较好的选择,而不是集中在杯形珊瑚和鹿角珊瑚。此外,移植带有特定虫黄藻的分支可能比其他分支对珊瑚白化具有更高的抗性。

### 5. 珊瑚大小的选择

移植实验表明,较大的珊瑚比较小的珊瑚能更好地存活。移植珊瑚大小的选择会随物种和环境的不同而发生变化,这取决于藻类和潜在的珊瑚捕食者的数量和类型。如果移植珊瑚很小,食草动物可能会破坏它。另外,珊瑚如果太小,大型藻类也很容易将其遮住,而大一点的珊瑚就可能继续存活。

虽然目前我们不知道是否真的存在一个临界点能显著提高移植珊瑚的生存能力,但是移植 5~10 cm 大小的珊瑚可以明显提高存活率和生境复杂性。

### 6. 珊瑚的移植密度

由于珊瑚礁修复的目的是修复到其扰动前的状态,周围未受扰动的生态系统可以提供珊瑚种类和密度等相关信息,这样便可以用来指导珊瑚移植或者至少可以为珊瑚礁修复工作提供一个长期目标。

当然,移植密度增加,花费成本也会上升。若每平方米种植一个珊瑚,则每公顷需要 10 000 个移植体(Maragos,1974)。

### 7. 珊瑚礁修复时间的选择

珊瑚的移植会给珊瑚生存带来胁迫。通常情况下,移植珊瑚会在移植后的一到两个月内出现珊瑚白化现象。移植成功的关键是尽量减少胁迫,所以应保持温度不要太高,存放在阴凉处,尽量避免暴露在空气中,少直接接触,以及缩短运输时间。如果珊瑚在密闭的容器内,则需定期换水。另外,还要尽量避免在炎热的中午移栽。尽管如此,移植一些种类还是非常困难的。珊瑚遭受胁迫的一个关键信号就是开始产生大量黏液。

正常情况下,一年当中某个时间段珊瑚会受到较大胁迫,这个时候就应该尽量避免移植。总体来说，一年中最热的季节，就是珊瑚容易出现白化现象的时候，此时珊瑚也容易遭受病害。如果这时候移植，死亡率就会很高。因此，应该查看该区域每年海表面平均温度，尽量避免在最高温度的前后几个月内移植（Miller et al.，1993）。此外，不适宜移植的月份还包括珊瑚繁殖期。

### 8. 修复后的监测和维护

大多数珊瑚修复活动由于缺乏系统的跟踪监测，常常不知道为什么会成功或失败。失败的原因是由外部事件引起，还是因为修复方法本身存在缺陷？珊瑚礁修复不是一次性事件而应是一个持续的过程，同时人们也能从合适的管理中获利。

如果需要了解珊瑚礁修复过程中的受干扰情况，就要去了解完全处于自然恢复过程中的珊瑚发生了什么变化。因此，应该设立一个对照区，然后同时监测这些珊瑚和采取了修复措施的珊瑚。监测一定要基于事实，少量的谨慎的数据比大量的较差的数据更有用。一个比较好的监测指标是珊瑚覆盖率的变化，可以使用样带-断面或者样方的方法。此外，也应监测一些物种生物多样性的变化，如珊瑚、鱼类和其他一些有重要经济价值、易于鉴定的物种。

系统的监测可以每隔一个月或者几个月进行，如果发现敌害生物过多，大型藻类生长过快，那么监测间隔时间就应相应缩短，以便及时采取补救措施。长棘海星、小核果螺及鱼类会取食活珊瑚，也有证据表明移植的珊瑚会吸引一些捕食者。长棘海星、小核果螺等取食者应去除，当然一些大型藻类也是可以去除的。如果只是藻类过量生长，还可以采取其他的管理措施，但是如果是长棘海星大面积暴发，则必须采取更严厉的措施，如人工去除（English et al.，1997）。

## 第四节　三亚蜈支洲岛珊瑚礁修复案例

珊瑚礁是典型的海洋生态系统，是人类赖以生存和发展的地球生命保障系统的重要组成部分，对调节全球气候和生态系统的平衡起着不可替代的重要作用。由于全球气候变化、沿海地区人口持续增长及社会经济迅速发展等自然和人为因素多重压力，严重干扰和破坏了珊瑚礁生态系统，导致全球珊瑚礁分布面积不断缩小，出现全球性的严重退化。多数珊瑚礁生态系统退化之后，礁区的三维结构也会受到破坏，简单的珊瑚移植很难达到修复珊瑚礁生态系统的目的。为了修复受损的礁区，过去几十年里人们引入了人工增殖礁，这种人工建造的具有三维结构的建筑物安放到海底后能为珊瑚等无脊椎动物和鱼类提供附着基和庇护所。从最初简单的投放到后来的和珊瑚移植结合，人工增殖礁已经成为非常有效的修复珊瑚礁生态系统的手段。原来的人工增殖礁的材料主要为混凝土，但是现在人们逐渐改用新的材料和技术，用以吸引珊瑚幼虫的附着和促进珊瑚生长。

## 1. 研究区域概况

通过 2005~2013 年对蜈支洲岛的珊瑚礁生态系统的持续监测，2005~2009 年蜈支洲岛的造礁石珊瑚一直保持很高的覆盖率，基本都在 50%以上。2010 年蜈支洲岛的珊瑚开始显现退化趋势，至 2013 年该海域的珊瑚覆盖率降低到 30%左右，珊瑚种类也逐渐减少，由最初的 53 种降低到 42 种。珊瑚礁是珊瑚礁鱼类栖息繁衍的生活场所，珊瑚覆盖率的降低也导致珊瑚礁鱼类的减少，珊瑚礁鱼类的密度由最初的 191 个/100 $m^2$ 下降到现在的 106 个/100 $m^2$ 左右。

珊瑚礁修复区域选在蜈支洲岛北侧的夏季码头附近，该区域底质状况为礁石和珊瑚碎屑，水深 6~7 m，水质状况达到一类水质标准，该区域受损之前有大量珊瑚分布，同时不缺少珊瑚补充源。对该区域进行可修复性评估之后，我们认为该区域是可以开展珊瑚礁生态系统修复工作的。

## 2. 修复方法

造礁石珊瑚的生长速度主要是由珊瑚骨骼的形成速度决定的，进一步来说是取决于珊瑚虫体内"细胞质外钙化液"区域碳酸钙的沉降速度。"细胞质外钙化液"区域空间很小，但是却极其重要。"细胞质外钙化液"区域的液体虽然不是在珊瑚虫的细胞组织内部，但是也并非直接是环境中的海水，而是通过共肉组织细胞的一些离子输送机制产生的液体。在这里，$Ca^{2+}$ 和 $CO_3^{2-}$ 被结合为 $CaCO_3$，沉积在珊瑚骨骼上，保证了珊瑚骨骼的持续生长。虽然现在还不能直接作用于珊瑚虫"细胞质外钙化液"区域，但是我们可以通过提高珊瑚虫周边区域 $Ca^{2+}$ 和 $CO_3^{2-}$ 浓度的方法，来提高造礁石珊瑚的生长速度，以满足珊瑚礁生态系统退化区域的短期修复。Sabater 和 Yap 提出假说，认为在底质中增加电位，可以增加珊瑚对钙的富集和附近海水中钙盐的含量,同时影响珊瑚体内电子链的传递,使其产生多余的能量用来生长。他们也认为,在底质中增加电位可以使珊瑚体内的共生藻密度增加,同时提高珊瑚骨骼的生长速度(Sabater & Yap,2002)。此外,还有不少学者提出在底质中增加化学电位,可以诱导珊瑚幼虫附着,提高存活率。增加电位的方法可以是直接通入直流电,也可以把整个人工增殖礁设计成为一个电解池,通过不同的材料实现电位差(王铭彦等,2016)。

实验设计基于"活性金属牺牲法",由于只要是活性金属都可以发生电化学反应,作为阳极提供电子,金属镁、铝都参加反应。考虑造价的问题,装置主要以铝合金为主,由于纯铝会产生钝化,一般会添加金属镁等来破坏钝化膜。添加的镁的比例一般在 2%~5%。铝合金电位差低,电量足,实际发电量最高,所以效果比其他几种合金要好。活性金属产生的 $OH^-$ 跟海水酸碱平衡的 $H^+$ 中和,从而使得 $HCO_3^-$ 更偏向于分解成 $H^+$ 和 $CO_3^{2-}$,区域内 $CO_3^{2-}$ 浓度增高,在不锈钢框架表面诱导沉淀出 $CaCO_3$ 薄层的同时,加速造礁石珊瑚的生长。

铝镁合金与不锈钢框架在海水中形成了原电池结构,在海水中发生以下化学反应。

阳极:$Al-3e^- \longrightarrow Al^{3+}$,$Mg-2e^- \longrightarrow Mg^{2+}$

阴极:$2H^+ + 2e^- \longrightarrow H_2$

铝镁合金作为阳极发生氧化反应提供电子,电子通过金属网格输送到作为阴极的不锈钢框架,使得不锈钢框架周围海水中的 $H^+$ 得到电子发生还原反应,从而消耗掉大量的 $H^+$。

海水中 $CO_2$ 的溶解过程如下:

$$CO_2 + H_2O \rightleftharpoons H_2CO_3 \quad (过程1)$$

$$H_2CO_3 \rightleftharpoons H^+ + HCO_3^- \quad (过程2)$$

$$HCO_3^- \rightleftharpoons H^+ + CO_3^{2-} \quad (过程3)$$

当装置周围海水中的 $H^+$ 大量消耗,会促进上述过程 3 正向反应,使得 $HCO_3^-$ 更偏向于分解成 $H^+$ 和 $CO_3^{2-}$,区域内 $CO_3^{2-}$ 浓度增高,在不锈钢框架表面诱导沉淀出碳酸钙薄层,加速造礁石珊瑚的生长。此外,铝镁合金在海水中发生电化学腐蚀释放的电子也可以防止不锈钢材料框架的腐蚀。

珊瑚增殖礁主体为不锈钢材料的框架,覆盖铝合金网格(图 5-2)。共制作了 20 个阶梯式的不锈钢材料的珊瑚增殖礁,固定于蜈支洲岛夏季码头附近海域,同时每个珊瑚增殖礁上移植了20个鹿角珊瑚的断枝，大小为5 cm左右。

图5-2　实验设计的利于珊瑚生长的不锈钢材料的珊瑚增殖礁

## 3. 修复效果

蜈支洲岛海域的珊瑚增殖礁于2014年6月投放，7月进行了珊瑚移植（图5-3）。2015年10月的监测结果显示，有少量增殖礁被台风破坏，但有10多个增殖礁保存相对完整，其上的珊瑚脱落得不多，保留下来的珊瑚生长情况良好，鹿角珊瑚、杯形珊瑚等都生长出新的枝杈，生长长度在3~5 cm。同时，较多的珊瑚礁鱼类已经聚集，主要为宅泥鱼、雀鲷、豆娘鱼等观赏性鱼类。

图 5-3 蜈支洲岛珊瑚礁的修复效果（后附彩图）

2016 年 6 月对其进行第二次监测，结果显示移植的珊瑚生长状况良好，仅少量珊瑚死亡，珊瑚存活率非常高，在 80%以上。珊瑚个体已经生长到 7～10 cm。鹿角珊瑚和杯形珊瑚已经长出了较长的枝权，小的珊瑚群体已经初具规模。

2016 年 10 月进行了第三次监测，此次珊瑚已经生长到 10～15 cm。珊瑚基本已经覆盖整个增殖礁，水下景观已经非常丰富，有更多的珊瑚礁鱼类聚集。珊瑚礁生态系统已经具备观赏性，小区域珊瑚礁生态系统修复效果已经显现。

2017 年 9 月对蜈支洲海域的珊瑚增殖礁进行了第四次监测，鹿角珊瑚和杯形珊瑚已经完全长满增殖礁，珊瑚群体大小在 20～30 cm，小的珊瑚礁生态系统已经建立。珊瑚礁三维空间也初步形成，吸引聚集了大量的珊瑚礁鱼类，数量种类都有大幅提高，密度可以达到 150 条/100 $m^2$ 以上，优势种也不仅仅为宅泥鱼、雀鲷、豆娘鱼，还包括蝴蝶鱼、裂唇鱼等种类，更具观赏性。

同时，在珊瑚增殖礁上还生长了其他一些底栖生物，如海百合、群体海葵、短指软珊瑚，在增殖礁附近也聚集了海参、海胆等底栖生物，使珊瑚礁修复区域具有更高的生物多样性。

### 4. 与混凝土修复材料对比

将不锈钢与同时期相关海域开展的混凝土材料的珊瑚增殖礁效果进行对比，提出来 8 项参数，分别是珊瑚存活率、珊瑚生长速度、珊瑚补充量、聚鱼效果、礁体稳定性、礁体环境友好性、礁体造价，以及礁体安装操作性等。

根据将近两年的跟踪监测结果,归纳分析了这两种材料的 8 项参数（表 5-1）。

表 5-1  人工增殖礁不同材料间各参数对比

| 材料 | 珊瑚存活率/% | 珊瑚生长速度/(cm/月) | 珊瑚补充量/(个/m²) | 聚鱼效果 | 礁体稳定性 | 礁体环境友好性 | 礁体造价 | 礁体安装操作性 |
|---|---|---|---|---|---|---|---|---|
| 混凝土 | 10 | 0.5 | 0.5 | 差 | 差 | 差 | 低 | 差 |
| 不锈钢 | 80 | 1.2 | 2.0 | 好 | 好 | 好 | 高 | 好 |

从移植珊瑚存活率来看，混凝土材料的增殖礁只有10%左右，而不锈钢材料的增殖礁可以达到80%。分析原因主要是混凝土材料的增殖礁本身由于礁体稳定性差，受台风影响大，导致珊瑚脱落，同时混凝土本身也会对周围海水造成一定的污染，影响到移植的珊瑚。而不锈钢材料的增殖礁由于抗风浪能力较好，珊瑚不容易脱落，同时不锈钢材料不会对周围海水造成污染，也不会影响到移植的珊瑚，所以珊瑚存活率较高。

从珊瑚生长速度来看，混凝土材料的增殖礁上的珊瑚生长速度仅为0.5 cm/月，而不锈钢材料的增殖礁上的珊瑚生长速度可以达到1.2 cm/月，种类主要是鹿角珊瑚和蔷薇珊瑚。分析原因主要是混凝土材料的增殖礁本身对环境及珊瑚造成了一定的污染，影响到珊瑚的正常生长。一般鹿角珊瑚和蔷薇珊瑚的生长速度为1.0 cm/月，而不锈钢材料的增殖礁由于其表面覆盖了铝合金网格，整体上形成了一个电解池，利用电沉积原理提高了礁体表面和附近的$CaCO_3$浓度，有利于珊瑚的生长，所以珊瑚的生长速度高于平均水平。

从珊瑚补充量来看，混凝土材料的增殖礁上的补充量为0.5个/m²，而不锈钢材料的增殖礁上的补充量为2.0个/m²，明显是不锈钢优于混凝土。且新补充的珊瑚种类也是不锈钢材料的增殖礁多于混凝土材料的增殖礁，混凝土材料的增殖礁上的种类主要是杯形珊瑚，而不锈钢材料的增殖礁上有杯形珊瑚、蔷薇珊瑚、鹿角珊瑚等种类。混凝土材料的增殖礁由于其材料的污染性，会对附着其上的珊瑚幼虫有一定影响，从而降低补充量，而不锈钢材料的增殖礁由于其表面的高$CaCO_3$及礁体内部的弱电流，会吸引较多的珊瑚幼虫附着。

从聚鱼效果来看，其主要跟增殖礁的三维结构有关，混凝土材料的增殖礁由于其抗风浪能力弱，增殖礁的三维结构基本都被破坏，基本没有实现聚鱼的目的。通过对亚龙湾西排海域前后两年的对比可以看出，珊瑚礁鱼类密度、种类等方面基本都没有太大的变化，2014年珊瑚礁鱼类为70条/100 m²，种类为15种，主要为雀鲷、宅泥鱼、豆娘鱼等小型珊瑚礁鱼类，2015年珊瑚礁鱼类密度为63条/100 m²，种类为 14 种，优势种为雀鲷、豆娘鱼、篮子鱼等珊瑚礁鱼类。而不锈钢材料的增殖礁虽然也被台风破坏掉一些，但是其三维结构保持得比较完好，聚鱼效果明显，鱼类密度和种类都有提高。上、中、下三层结构，每层层高 25 cm，可以为中型的珊瑚礁鱼类提供栖身之所，而生长起来的鹿角珊瑚等枝杈状的珊瑚，可以为小型的珊瑚礁鱼类提供庇护所。人工增殖礁每组之间的间距为 1～2 m，也可以为大型珊瑚礁鱼类提供活动区域。珊瑚礁鱼类密度也从 100 条/100m$^2$ 提高到 150 条/100 m$^2$，优势种也不仅仅为雀鲷、宅泥鱼、豆娘鱼，还包括蝴蝶鱼、裂唇鱼等种类，珊瑚礁鱼类种类从 23 种提高到 25 种。

从礁体稳定性来看，混凝土材料的增殖礁容易受到台风破坏，较难固定。礁体结构一旦被破坏，不但不能起到恢复珊瑚、营造水下景观的目的，还会变成水下垃圾，破坏珊瑚和水下景观。而不锈钢材料的增殖礁，由于其金属的特性，具有较高的稳定性、较强的抗风浪能力和承载力，容易固定，不会被轻易破坏，能保持较好的外观和三维结构，起到保护珊瑚、营造水下景观的目的。

从礁体环境友好性来看，其主要是针对混凝土和不锈钢材料对环境的影响方面而言的。由于混凝土具有非常高的碱性，会长时间向水体释放一些有害物质，影响到珊瑚虫和其他底栖生物的附着。而不锈钢材料的增殖礁本身不仅不会向水体释放有害物质，同时还会吸引更多的珊瑚虫和其他底栖生物附着，具有非常好的环境友好性。

从礁体造价来看，混凝土材料的增殖礁造价比较便宜，基本在 500～1000 元/个，而不锈钢材料的增殖礁造价相对较高，基本在 2000～2500 元/个。

从礁体安装操作性来看，混凝土材料的增殖礁比较重，需要工程船进行投放安装，进度缓慢，需要耗费大量的人力物力。而不锈钢材料的增殖礁比较轻便，小型摩托艇就可以搭载，进行水下安装，省时省力。

## 第五节 珊瑚礁生态系统管理措施

### 1. 制定保护管理规划

规划的主要目的是使珍贵珊瑚礁生态系统资源得到更有效的保护，使自然生态环境和自然资源得到恢复和发展，并探索合理利用海洋渔业资源的有效途径，开展科学研究和生态旅游,从而促进当地国民经济和科学技术的发展,达到生态效益、经济效益和社会效益的和谐统一,走上可持续的发展道路。规划保护好这片自然珊瑚礁区,对保护我国珍贵的珊瑚礁生态系统资源,保护海洋生物多样性,促进海洋渔业资源的恢复,改善海洋生态环境,都有重大意义。

(1) 制定规章制度和管理条例

完善海洋保护区管理岗位责任制,贯彻国家有关的法律法规和方针政策,严格实施海洋保护区的有关规章制度和管理条例,协调好各部门和当地政府的关系。

(2) 完善保护管理设施设备

加强管理设施的建设,完善珊瑚礁保护管理、海上巡逻监测、水质检测点等设施设备,提高保护管理实效。

(3) 发挥社区群众在珊瑚礁保护中的积极作用

在建立健全专业保护管理队伍的同时,对海洋保护区内及周边地区群众进行宣传教育,保障珊瑚礁资源的安全。

(4) 加快引进专业人才

加快引进珊瑚礁保护管理方面的专业技术人才,加强珊瑚礁保护管理工作,力求通过多渠道、多方式开展对外交流工作,同时有计划地培训专业干部,不断提高保护管理水平。

(5) 海上设立分界线浮标

在重点区域边缘分界线上投放固定性的永久浮标。

(6) 在修复区投放人工鱼礁

在修复区设置人工鱼礁投放区。投放人工鱼礁,既起到海洋生物资源的增殖作用,又可改善周边海洋生态环境,同时也可以为珊瑚附着提供基质,可谓一举三得。

(7) 增强海上巡逻执法能力

珊瑚等特色生物资源的保护管理工作需要海上监测船队的配合。

2. 加强科研监测

(1) 珊瑚礁生态系统定位观测

设置多个固定样地,通过实地观测和采样实验相结合的方法,分析、研究珊瑚礁生态系统的结构和功能，造礁石珊瑚覆盖率、分布、生长和恢复等各项石珊瑚指标，以及珊瑚礁生态系统与环境的关系、珊瑚礁生态系统的动态演替等。

（2）生物种群监测

进行区内浮游动植物、底栖生物、鱼卵、仔鱼和游泳类生物渔业资源等生物种群监测。

（3）生态环境因子监测

通过对该海区水质、沉积物等因子进行监测，获得并分析影响生态环境的主导因子的基础数据。

（4）开展珊瑚资源恢复研究

将遭受破坏而各方面都适合珊瑚生长的典型地段作为科研示范区，通过珊瑚无性繁殖养成、有性繁殖、幼体附着、培养、成体移植等实验和研究方法进行珊瑚资源的恢复研究，提出珊瑚资源恢复的最佳方法和手段；开展主要经济水产品和国家重点保护动物繁育技术研究。研究、探索繁育方法、苗种培育技术、养成技术等。

### 3. 科普宣传教育

（1）对渔民和游客的宣传教育

通过发放《珊瑚保护手册》等方式，向渔民和游客介绍自然地理特点、生物多样性、珍稀濒危海洋生物、珊瑚礁生态系统及其在生态稳定等方面的重要功能与价值，使其能充分了解和认识珊瑚礁生态系统存在和发展的重大意义。

在相关的资料和纪念册上，印制保护生态环境的警语和要求，使渔民和游客对生态旅游有进一步的了解和认识。

利用广播、电视、录像、幻灯片、文艺演出、画册、墙报、标语、警示牌等形式对渔民和游客进行保护生态环境和保护珊瑚礁知识的宣传教育。

（2）对工作人员的宣传教育

一些工作人员对珊瑚礁的认识还比较少，应通过多渠道进行广泛宣传教育，普及珊瑚礁生态知识，宣传珊瑚礁对海洋的生态保护作用，使其认识到珊瑚礁资源的重要性，并认清其带来的长远社会效益和经济效益。

## 4. 社区共管

（1）群防群护

近年来，随着海南岛知名度的不断提高，游客数量不断增加，对珊瑚礁生态系统的保护管理任务就更加繁重。为了更好地保护管理这片美丽富饶的珊瑚礁资源，应当建立群防群护的管理网络，吸引当地利益相关者参与珊瑚的保护管理，使他们了解、关心、支持珊瑚的保护管理工作。

（2）企业携手共建

企业进驻珊瑚礁海域开展观光旅游活动的先决条件是海底要有可观赏的珊瑚景观，保护好该区的珊瑚及其生态系统是其自身的需要，所以其最基本的责任便是保护好珊瑚资源，保护好珊瑚礁生态系统。此外，企业还有责任与海洋保护区管理处，以及其他利益相关者建立良好的关系，管理部门的执法队伍与企业联防队伍互相配合，使保护和发展相结合，既有利于珊瑚资源的保护管理，又可促进企业的开发效益和资源的可持续利用。

为了保护珊瑚资源，达到可持续利用的目的，企业有义务对退化区域的珊瑚进行修复。有义务每年从所获利润中抽出一部分用于珊瑚礁生态系统修复技术的研究，有义务联合有实力的科研院所对该海域的珊瑚资源进行修复，以达到恢复的目的。对受损区域进行修复是对海洋保护区的建设和管理的支持，更是对企业自身利益的考量，不但能达到珊瑚资源的可持续利用，还可以增加企业的社会责任感，提高企业的社会形象。

# 第六章　三亚蜈支洲岛珊瑚礁现状、主要威胁、保护对策与修复建议

珊瑚礁生态系统是海洋中的热带雨林，具有重要的生态学与经济价值。它也是非常脆弱的海洋生态系统，极端气候变化（如升温、台风、洪水）和人类活动（如过度捕捞、近岸工程、污水排放、旅游开发等）都会引起珊瑚礁的退化。

近年来，海南大学、海南省海洋与渔业科学院、中国科学院南海海洋研究所的研究人员对蜈支洲岛珊瑚礁生态系统开展了系统的现状调查和多次的监测研究。结合我们在珊瑚礁领域超过 10 年的研究经验和积累，形成了对蜈支洲岛珊瑚礁的现状、主要威胁的一些认识，并提出了针对蜈支洲岛珊瑚礁的保护对策与修复建议。

## 第一节　三亚蜈支洲岛珊瑚礁现状概述

我们共记录到造礁石珊瑚 13 科 40 属 90 种，多孔螅 2 种。优势珊瑚种类为风信子鹿角珊瑚、多曲杯形珊瑚、叶状蔷薇珊瑚、细柱滨珊瑚、澄黄滨珊瑚和丛生盔形珊瑚。共记录到海参 11 种、海胆 7 种、海星 5 种、砗磲 2 种、海螺 8 种。蜈支洲岛珊瑚和大型无脊椎动物种类多样性非常丰富，分布密度也较高，许多大型无脊椎动物在三亚周边海域已较少见。

共在蜈支洲岛记录到珊瑚礁鱼类 33 科 52 属 75 种。蜈支洲岛珊瑚礁区鱼类密度均值为 80.6 个/100 m$^2$，介于 51.7~133.3 个/100 m$^2$。记录到的优势种分别是六带豆娘鱼、网纹宅泥鱼、断纹紫胸鱼、霓虹雀鲷和五带巨牙天竺鲷。

根据蜈支洲岛珊瑚礁底质类型的聚类分析，可以将 13 个调查站位划分为两个类群。一类为南侧的 7 个站位（1~7 号），这些站位的珊瑚礁处在近自然状态，人类活动影响小；另一类为北侧的 6 个站位（8~13 号），这些站位的珊瑚礁位于较强的旅游开发区域。多元统计分析也表明，以上两个区域的珊瑚礁的底质类型和珊瑚种类多样性组成都有显著性的差异。在南侧，造礁石珊瑚和软珊瑚的覆盖率、

幼体密度明显高于北侧，而礁石、碎石和砂的覆盖率则显著低于北侧。以上结果表明，北侧区域珊瑚礁退化之后，伴随的是更低的活珊瑚覆盖率、幼体密度，以及礁盘的破碎化，破碎化的礁盘会限制珊瑚的幼体补充和自然恢复。

蜈支洲岛活珊瑚覆盖率均值为28.18%，介于3.88%~56.88%；3~7号站活珊瑚覆盖率均大于40%，在三亚附近海域较少见。造礁石珊瑚覆盖率均值为19.11%，介于3.88%~44.13%，其中4号站位覆盖率大于40%；南侧造礁石珊瑚覆盖率为24.4%，北侧造礁石珊瑚覆盖率为13.83%。3 m水深，造礁石珊瑚覆盖率均值为20.59%，介于3.88%~44.13%；8 m水深，造礁石珊瑚覆盖率均值为17.86%，介于5.25%~40.63%。

与三亚其他区域相比较，蜈支洲岛南侧区域仍然保存了较高的活珊瑚覆盖率，局部站位的珊瑚礁可以说是海南岛保护最好的区域之一，但是北侧区域珊瑚礁明显处在退化状态。蜈支洲岛珊瑚礁在相关部门和企业的管理和保护之下，珊瑚礁生物多样性得到了非常有效的保护。

从2014年开始，我们采用铝合金的不锈钢框架对蜈支洲岛北侧退化珊瑚礁区域开展了生态修复。后期监测显示，其在珊瑚存活率、珊瑚生长速度、珊瑚补充量、聚鱼效果、礁体稳定性和礁体环境友好性等方面都展现出了不错的效果。

综上所述，蜈支洲岛南侧区域在相关部门和企业的直接保护下，珊瑚礁资源得到有效的保护，现状明显好于三亚其他区域；但是，蜈支洲岛北侧区域的珊瑚礁如海南岛大部分区域一样，处在明显的退化状态。

## 第二节　三亚蜈支洲岛珊瑚礁的主要威胁

目前，蜈支洲岛南侧珊瑚礁处在相对健康的状态，而北侧珊瑚礁处在明显的退化状态。

蜈支洲南侧珊瑚礁具有较好的状态与相关部门和企业强有力的保护和监管密切相关。我们在三亚珊瑚礁保护区的研究结果也支持了这一观点。研究发现，三亚珊瑚礁保护区内潜水区域的珊瑚覆盖率和鱼类密度明显高于附近对照区域，相关部门和企业对渔业活动的适度监管，对海底大型海藻、海洋垃圾、敌害生物的及时清理都会有利于珊瑚礁的健康生长。另外，在亚龙湾野猪岛，我们曾记录到热白化事件之后的珊瑚大规模死亡，但是在1年多的时间内迅速恢复的案例；野猪岛的珊瑚礁呈现出了非常强的弹性。这与野猪岛驻军部队对四周海域的严密监管、良好的水质环境有关,也是我们唯一记录到的正响应案例。在西沙群岛,我们发现驻军岛礁的珊瑚礁往往也是健康的。以上结果表明,合理地监管渔民的渔业活动会大大促进珊瑚礁的健康状态。

蜈支洲岛北侧珊瑚礁的退化可能与蜈支洲岛北侧区域的工程建设引起的泥土流失(2008~2010年),藤桥水库泄洪带来大量的冲淡水、悬浮物、营养盐和其他污染物质的入海,以及2011年蜈支洲岛旅游人口爆发性的增长引起的水质环境退化有关。2017年夏季北侧区域监测记录到的大型海藻的暴发和2018年夏季发现的小核果螺的暴发与大肆啃食活珊瑚,是蜈支洲岛北侧区域水质环境退化的印证。基于2017年夏季的研究数据,珊瑚的健康指标与水质环境因子呈现出负的相关性,这说明随着水体浑浊、营养盐增多,珊瑚的健康状况下降。

因此,渔民无序的渔业活动和水质退化是引起近岸区域珊瑚礁退化最主要的因素。对蜈支洲岛来说,南侧区域渔业活动的减少(尤其是东南侧,经常风浪较大,渔船较难靠近)和良好的水质环境使珊瑚礁处在相对健康的状态;北侧区域水质环境的退化正在不断伤害蜈支洲岛的珊瑚礁。

## 第三节 三亚蜈支洲岛珊瑚礁的保护对策与修复建议

在讨论蜈支洲岛珊瑚礁的保护对策之前,我们应该先了解一下珊瑚礁生态系统的动态平衡及内在控制机制。基于竞争的相对优势模型(relative dominance model,RDM;Littler & Littler,2007)认为珊瑚礁生态系统主要受来自于自上向下(top-down)的捕食控制和自下向上(bottom-up)的营养盐控制。捕食可以限制珊瑚礁区大型海藻的生物量,营养盐则会促进大型海藻的生产量,减少海藻与珊瑚的空间竞争。随着过度捕捞压力的增大和营养盐的增多,珊瑚礁生态系统将由稳定态(造礁石珊瑚占优势,健康状态)转向相变状态(大型海藻等占优势,退化状态)。珊瑚礁生态系统应对慢性驱动因素的非线性响应模型(图6-1)认为,随着过度捕捞、营养盐、气候变化等压力不断增加到临界点1处,珊瑚礁迅速退化,由造礁石珊瑚占优势的状态转变成由大型海藻等占优势的状态。相反,只有当过度捕捞、营养盐、气候变化等压力减少到临界点2处,珊瑚礁才会恢复,重新回到造礁石珊瑚占优势的状态;由于珊瑚礁的恢复存在时滞效应,从而大大增加了自然恢复的难度(Hughes et al.,2010)。

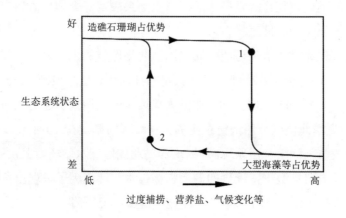

图6-1　珊瑚礁生态系统应对慢性驱动因素的非线性响应模型(Hughes et al.,2010)

珊瑚礁的修复其实主要是减小过度渔业压力和改善水质环境,当这些压力不断变小,珊瑚礁就会逐步恢复。因此,修复蜈支洲岛北侧区域的珊瑚礁应该从两个方面着手:减少渔业压力和改善水质环境。

以下是针对蜈支洲岛珊瑚礁分布的现状和主要威胁的保护对策与修复建议。

(1)继续强化蜈支洲岛南侧区域珊瑚礁的保护措施

蜈支洲岛南侧区域处在近自然的状态,人类活动压力较小,水质清澈,生物多样性高,珊瑚礁状态好。这部分珊瑚礁又处在琼东上升流区域,被认为是抵御全球气候变化的天然避难所,可以为附近的珊瑚礁生物提供种源,促进附近区域珊瑚礁的恢复。因此,这部分珊瑚礁具有极高的保护价值,应划为保护的核心区域,不宜再开展过多的旅游活动(冬季码头潜水区域除外)。

(2)减小捕捞压力对蜈支洲岛珊瑚礁的影响

目前,蜈支洲岛的捕捞压力主要来自于附近渔民的网捕。因此,需要从两个方面着手:逐步减少附近海域渔船保有量,将渔民进行安置转业,转业到珊瑚礁生态旅游上来;加强蜈支洲岛安保力量与海洋监管机构的联合执法,赋予蜈支洲岛安保力量执法权,增强其威慑力。

另外的捕捞压力来自于驻岛旅游公司内部。生态垂钓是蜈支洲岛新开展的旅游项目,取得了不错的经济效益。但是需要进行合理的评估,促成资源量的可持续利用。驻岛旅游公司内部不宜捕捞经济性的贝类食用，如鲍鱼、蜘蛛螺、马蹄螺、节蝾螺等，这些生物都是重要的藻类捕食者，在珊瑚礁生态系统稳定性方面发挥重要作用。

（3）降低海洋污染，改善水质环境

每年雨季，藤桥河泄洪，也会将大量淡水和污染物质带到蜈支洲岛附近海域，引起盐度降低和水体的大面积浑浊，这也是影响蜈支洲岛珊瑚礁生态系统稳定性的一个不利因素。应该加强区域性水质变化的监控和洪水的影响评估，采取相应的措施保护珊瑚礁生态系统。

蜈支洲岛上有酒店，每天上岛人数较多，生活污水的排放会引起蜈支洲岛附近海域水体的污染；潜水旅游区投喂较多的鱼类饵料，残饵也会污染水质，有时潜水排上的厨余垃圾也被丢到珊瑚礁区，造成水质污染。水质退化往往伴随的是生态异常现象，如 2017 年夏季的大型海藻和 2018 年夏季的小核果螺在局部珊瑚礁区域的暴发。草食性生物的减少、营养盐的富集导致了大型海藻的爆发性生长，加剧其与珊瑚的竞争，延缓珊瑚礁的自然恢复。小核果螺是珊瑚的天然捕食者（图 6-2），大量聚集会不断啃食珊瑚，造成珊瑚群体的死亡。小核果螺在蜈支洲岛珊瑚礁区随处可见，可以见到大量小个体核果螺和母体之间的交配，局部区域其密度已达到暴发的水平。驻岛旅游公司对此高度重视，组织潜水员拾捡小核果螺，持续半年多，合计捡螺 2700 多小时，捡出约 3700 斤小核果螺，清理珊瑚礁面积约为 46 万 $m^2$，覆盖了整个蜈支洲岛。这一行动及时地遏制住小核果螺的大量暴发，消除其对蜈支洲岛珊瑚礁的威胁。

如果水质环境继续恶化，蜈支洲岛北侧的珊瑚礁不仅不能恢复，而且很有可能在 3~5 年内进一步退化，最终严重影响到潜水旅游活动的开展和蜈支洲岛整体的旅游开发价值。

（4）结合海洋牧场建设，推动关键种群的增殖放流，并开展适度休闲渔业

蜈支洲岛的热带海洋牧场建设为珊瑚礁生态系统的保护起到了关键的作用。因此，应该继续推动其建设，给各种海洋生物安个家，促进渔业资源和珊瑚礁资源的进一步恢复。在海洋牧场内部，开展关键种群的增殖放流研究，关键种群包括珊瑚、砗磲、鲍鱼、珍珠贝、海参等，还包括一些关键的草食性生物，如鹦嘴鱼、刺尾鱼、燕鱼、篮子鱼、马粪海胆、马蹄螺、节蝾螺等。积极评估增值放流的效果，严格禁止外来物种的增殖放流，并在可控的范围内，开展休闲渔业，评

估海钓对珊瑚礁生态系统的影响。

图 6-2 小核果螺啃食珊瑚

（5）针对珊瑚礁生境破碎化，开展珊瑚礁生态修复研究

重点开展流沙环境基底固着技术修复珊瑚礁，如构建火山岩的海底花园建设。同时，还可以将生态旅游元素引入到珊瑚礁的保护当中，推动"种珊瑚、种人心"理念的传播。珊瑚礁生态修复研究和示范应该在蜈支洲岛不断加强，不应被停止。

（6）设置固定研究站位，开展季节变化和长期监测研究

及时了解珊瑚礁的现状及动态变化规律，阐明其驱动因素，这对于珊瑚礁的保护极其重要。只有及时发现珊瑚礁的问题，才可能马上采取措施进行修正和补救。因此，要进行长期的季节性珊瑚礁生态系统的监控。

（7）生态容量

开展珊瑚礁海域生态容量的研究，包括上岛游客的容量、潜水旅游强度的容量，以及各种环境因子的承载能力等。只有将各种不利因素控制在生态容量范围内，才不至于影响珊瑚礁生态环境，最后引起珊瑚礁的退化。

（8）全面开展蜈支洲岛生物多样性和分布调查与评估

针对珊瑚礁生态系统全面的保护，需要加强蜈支洲岛海洋生物多样性的系统研究，不仅要加强珊瑚礁本身生物多样性的研究，而且要加强鱼类、贝类、虾蟹、海参、藻类等大型生物多样性和分布的调查与评估，配合热带海洋牧场建设，全面掌握蜈支洲岛珊瑚礁生态系统的生物多样性变化与时空分布，为保护和恢复蜈支洲岛珊瑚礁系统提供最有效的科学技术支撑。

# 参 考 文 献

郜宣，鲍富元，2014. 海岛旅游综合体融合发展的经验启示及未来建议——以蜈支洲岛为例[J]. 经济研究导刊，(6)：242-244.
黄晖，张成龙，杨剑辉，等，2012. 南沙群岛渚碧礁海域造礁石珊瑚群落特征[J]. 台湾海峡，31(1)：79-84.
黄萍，黄槐平，黄海智，等，2010. 影响三亚市热带气旋的基本降水特征[J]. 气象研究与应用，32(6)：18-20.
李秀保，2011. 三亚造礁石珊瑚群落组成、时空分布及主要影响因子识别研究[D]. 北京：中国科学院：107.
王介勇，刘彦随，2009. 三亚市土地利用/覆被变化及其驱动机制研究[J]. 自然资源学报，24(8)：1458-1466.
王铭彦，王磊，彭在先，等，2016. 电流强度对人工珊瑚礁生长的影响——模型试验[J]. 实验室研究与探索，35(10)：43-45，55.
张晓浩，黄华梅，吴秋生，等，2015. 三亚市蜈支洲岛海岸侵蚀与沉积的定量分析[J]. 热带海洋学报，34(5)：51-56.
Cesar H S J，2000. Collected essays on the economics of coral reefs[C]. Sweden：CORDIO，Kalmar University：244.
Clark S，2002. Coral Reefs[M]// Perrow M R，Davy A J. Handbook of Ecological restoration. Volume 2. Restoration in Practice. Cambridge：Cambridge University Press：171-196.
De'ath G，Fabricius K E，Sweatman H，et al.，2012. The 27-year decline of coral cover on the Great Barrier Reef and its causes[J]. Proceedings of the National Academy of Sciences，109(44)：17995-17999.
Edwards A J，Gomez E D，2007. Reef Restoration Concepts & Guidelines：Making Sensible Management Choices in the Face of Uncertainty[M]. St Lucia：Coral Reef Targeted Research & Capacity Building for Management Programme.
English S S，Wilkinson C C R，Baker V V，1997. Survey Manual for Tropical Marine Resources[M]. 2th ed. Townsville：Australian Institute of Marine Science：390.
Fabricius K，De'ath G，McCook L，et al.，2005. Changes in algal，coral and fish assemblages along water quality gradients on the inshore Great Barrier Reef[J]. Marine Pollution Bulletin，51(1-4)：384-398.
Gardner T A，Côté I M，Gill J A，et al.，2003. Long-term region-wide declines in Caribbean corals[J]. Science，301(5635)：958-960.
Golbuu Y，Fabricius K，Victor S，et al.，2008. Gradients in coral reef communities exposed to muddy river discharge in Pohnpei，Micronesia[J]. Estuarine，Coastal and Shelf Science，76(1)：14-20.
Harriott V J，Fisk D A，1995. Accelerated Regeneration of Hard Corals：A Manual for Coral Reef Users and Managers[M]. Townsville：Great Barrier Reef Marine Park Authority：42.
Heeger T，Sotto F B，Gatus J L，et al.，2001. Community-based coral farming for reef rehabilitation，biodiversity conservation，and as a livelihood option for fisherfolk[C]//Responsible Aquaculture Development in Southeast Asia. Proceedings of the Seminar-Workshop on Aquaculture Development in Southeast Asia organized by the Aquaculture Department，Southeast Asian Fisheries Development Center，12-14 October，1999，Iloilo City，Philippines. Tigbauan：Aquaculture Department，Southeast Asian Fisheries Development Center：133-145.
Huang H，Li X B，Titlyanov E A，et al.，2013. Linking macroalgal $\delta^{15}$N-values to nitrogen sources and effects of nutrient

stress on coral condition in an upwelling region[J]. Botanica Marina, 56(5-6): 471-480.

Hughes T P, Graham N A J, Jackson J B C, et al., 2010. Rising to the challenge of sustaining coral reef resilience[J]. Trends in Ecology & Evolution, 25(11): 633-642.

Hughes T P, Huang H U I, Young M A L, 2013. The wicked problem of China's disappearing coral reefs[J]. Conservation Biology, 27(2): 261-269.

Kleypas J A, McManus J W, Menez L A B, 1999. Environmental limits to coral reef development: Where do we draw the line?[J]. American Zoologist, 39(1): 146-159.

Li X, Wang D, Huang H, et al., 2015. Linking benthic community structure to terrestrial runoff and upwelling in the coral reefs of northeastern Hainan Island[J]. Estuarine, Coastal and Shelf Science, 156: 92-102.

Littler M M, Littler D S, 2007. Assessment of coral reefs using herbivory/nutrient assays and indicator groups of benthic primary producers: A critical synthesis, proposed protocols, and critique of management strategies[J]. Aquatic Conservation: Marine and Freshwater Ecosystems, 17(2): 195-215.

Maragos J E, 1974. Coral transplantation: A method to create, preserve and manage coral reefs[R]. Sea Grant Advisory Report UNIHI-SEAGRANT-AR-74-03, CORMAR-14, 30.

Miller S L, McFall G B, Hulbert A W, 1993. Guidelines and recommendations for coral reef restoration in the Florida Keys National Marine Sanctuary[R]. National Undersea Research Center, University of North Carolina at Wilmington: 38.

Nadon M O, Stirling G, 2006. Field and simulation analyses of visual methods for sampling coral cover[J]. Coral Reefs, 25(2): 177-185.

Omori M, Fujiwara S, 2004. Manual for Restoration and Remediation of Coral Reefs[M]. Tokyo: Nature Conservation Bureau, Ministry of the Environment: 84.

Precht W F, 2006. Coral Reef Restoration Handbook[M]. Boca Raton: CRC Press: 363.

Richmond R H, 2005. Recovering Populations and Restoring Ecosystems: Restoration of Coral Reefs and Related Marine Communities[M]//Norse E A, Crowder L B. Marine Conservation Biology: The Science of Maintaining the Sea's Biodiversity. Washington, D.C.: Island Press: 393-409

Risk M J, Lapointe B E, Sherwood O A, et al., 2009. The use of $\delta^{15}N$ in assessing sewage stress on coral reefs[J]. Marine Pollution Bulletin, 58(6): 793-802.

Sabater M G, Yap H T, 2002. Growth and survival of coral transplants with and without electrochemical deposition of $CaCO_3$[J]. Journal of Experimental Marine Biology and Ecology, 272(2): 131-146.

Schmidt G M, Wall M, Taylor M, et al., 2016. Large-amplitude internal waves sustain coral health during thermal stress[J]. Coral Reefs, 35(3): 869-881.

van Woesik R, Tomascik T, Blake S, 1999. Coral assemblages and physico-chemical characteristics of the Whitsunday Islands: Evidence of recent community changes[J]. Marine and Freshwater Research, 50(5): 427-440.

Williams G J, Smith J E, Conklin E J, et al., 2013. Benthic communities at two remote Pacific coral reefs: Effects of reef habitat, depth, and wave energy gradients on spatial patterns[J]. PeerJ, 1: e81.

Zhao M X, Yu K F, Shi Q, et al., 2013. Coral communities of the remote atoll reefs in the Nansha Islands, southern South China Sea[J]. Environmental Monitoring and Assessment, 185(9): 7381-7392.

# 附录1  三亚蜈支洲岛珊瑚种类名录

| 科名 | 中文名 | 拉丁文名 |
|---|---|---|
| 鹿角珊瑚科 | 鹿角杯形珊瑚 | Pocillopora damicornis |
| | 多曲杯形珊瑚 | P. meandrina |
| | 疣状杯形珊瑚 | P. verrucosa |
| | 伍氏杯形珊瑚 | P. woodjonesi |
| | 埃氏杯形珊瑚 | P. eydouxi |
| | — | Acropora pinguis |
| | 矛枝鹿角珊瑚 | A. aspera |
| | 松枝鹿角珊瑚 | A. brueggemanni |
| | 花鹿角珊瑚 | A. florida |
| | 芽枝鹿角珊瑚 | A. gemmifera |
| | 赫氏鹿角珊瑚 | A. hemprichii |
| | 风信子鹿角珊瑚 | A. hyacinthus |
| | 多孔鹿角珊瑚 | A. millepora |
| | 巨锥鹿角珊瑚 | A. monticulosa |
| | 霜鹿角珊瑚 | A. pruinosa |
| | 壮实鹿角珊瑚 | A. robusta |
| | 单独鹿角珊瑚 | A. solitaryensis |
| | 标准鹿角珊瑚 | A. spicifera |
| | 强壮鹿角珊瑚 | A. valida |
| | 小丛鹿角珊瑚 | A. verweyi |
| | 瘿叶蔷薇珊瑚 | Montipora aequituberculata |
| | 指状蔷薇珊瑚 | M. digitata |
| | 叶状蔷薇珊瑚 | M. foliosa |
| | 青灰蔷薇珊瑚 | M. grisea |
| | 变形蔷薇珊瑚 | M. informis |
| | 翼形蔷薇珊瑚 | M. peltiformis |
| | 截顶蔷薇珊瑚 | M. truncata |
| | 穴孔珊瑚 | Alveopora gigas |
| | 多星孔珊瑚 | Astreopora myriophthalma |
| | 星孔珊瑚 | A. suggesta |

续表

| 科名 | 中文名 | 拉丁文名 |
|---|---|---|
| 蜂巢珊瑚科 | 马勒棘菊珊瑚 | *Blastomussa merleti* |
| | 叉干星珊瑚 | *Caulastrea furcata* |
| | 锯齿刺星珊瑚 | *Cyphastrea serailia* |
| | 同双星珊瑚 | *Diploastrea heliopora* |
| | 宝石刺孔珊瑚 | *Echinopora gemmacea* |
| | 黄癣蜂巢珊瑚 | *Favia favus* |
| | 神龙岛蜂巢 | *F. lizardensis* |
| | 圆纹蜂巢珊瑚 | *F. pallida* |
| | 标准蜂巢珊瑚 | *F. speciosa* |
| | 美龙氏蜂巢珊瑚 | *F. veroni* |
| | 中国角蜂巢 | *Favites chinensis* |
| | 板叶角蜂巢珊瑚 | *F. complanata* |
| | 尖边扁脑珊瑚 | *Platygyra acuta* |
| | 肉质扁脑珊瑚 | *P. carnosus* |
| | 精巧扁脑珊瑚 | *P. daedalea* |
| | 小扁脑珊瑚 | *P. pini* |
| | 中华扁脑珊瑚 | *P. sinensis* |
| | 小业扁脑珊瑚 | *P. verweyi* |
| | 梳状菊花珊瑚 | *Goniastrea pectinata* |
| | 网状菊花 | *G. retiformis* |
| | 多孔同星珊瑚 | *Plesiastrea versipora* |
| | 大圆菊珊瑚 | *Montastrea magnistellata* |
| | 白斑小星珊瑚 | *Leptastrea pruinosa* |
| | 紫小星珊瑚 | *L. purpurea* |
| 枇杷珊瑚科 | 稀杯盔形珊瑚 | *Galaxea astreata* |
| | 丛生盔形珊瑚 | *G. fascicularis* |
| 菌珊瑚科 | 加德纹珊瑚 | *Gardineroseris planulata* |
| | 皱纹厚丝珊瑚 | *Pachyseris rugosa* |
| | 十字牡丹珊瑚 | *Pavona decussata* |
| 石芝珊瑚科 | 石芝珊瑚 | *Fungia cyclolites* |
| | 壳形足柄珊瑚 | *Podabacia crustacea* |
| | — | *Polyphyllia novaehiberniae* |
| | 多叶珊瑚 | *P. talpina* |
| | 健壮履形珊瑚 | *Sandalolitha robusta* |
| | 石叶珊瑚 | *Lithophyllon undulatum* |
| | 皱齿星珊瑚 | *Oulastrea crispata* |

续表

| 科名 | 中文名 | 拉丁文名 |
|---|---|---|
| 滨珊瑚科 | 澳洲滨珊瑚 | *Porites australiensis* |
| | 细柱滨珊瑚 | *P. cylindrica* |
| | 澄黄滨珊瑚 | *P. lutea* |
| | 火焰滨珊瑚 | *P. rus* |
| | 柱角孔珊瑚 | *Goniopora columna* |
| | 角孔珊瑚 | *G. stokesi* |
| 铁星珊瑚科 | 毗邻沙珊瑚 | *Psammocora contigua* |
| | 吞蚀筛珊瑚 | *Coscinaraea exesa* |
| 裸肋珊瑚科 | 莘叶珊瑚 | *Scapophyllia cylindrical* |
| | 阔裸肋珊瑚 | *Merulina ampliata* |
| | 粗裸肋珊瑚 | *M. scabricula* |
| | 腐蚀刺柄珊瑚 | *Hydnophora exesa* |
| | 小角刺柄珊瑚 | *H. microconos* |
| | 硬刺柄珊瑚 | *H. rigida* |
| 褶叶珊瑚科 | 辐射合叶珊瑚 | *Symphyllia radians* |
| | 菌状合叶珊瑚 | *S. agaricia* |
| | 褶曲叶状珊瑚 | *Lobophyllia flabelliformis* |
| | 赫氏叶状珊瑚 | *L. hemprichii* |
| | 棘星珊瑚 | *Acanthastrea echinata* |
| 梳状珊瑚科 | 多刺刺叶珊瑚 | *Echinophyllia echinata* |
| 木珊瑚科 | 皱褶陀螺珊瑚 | *Turbinaria mesenterina* |
| | 盾形陀螺珊瑚 | *T. peltata* |
| | 小星陀螺珊瑚 | *T. stellulata* |
| 丁香珊瑚科 | 肾形真叶珊瑚 | *Euphyllia ancora* |
| 多孔螅珊瑚科 | 板叶多孔螅珊瑚 | *Millepora platyphylla* |
| | 松枝多孔螅珊瑚 | *M. tenera* |

注：—表示无中文名。

# 附录 2　三亚蜈支洲岛大型无脊椎动物种类名录

| 类别 | 中文名 | 拉丁文名 |
|---|---|---|
| 海参 | 斑锚参 | *Synapta maculata* |
| | 黑海参 | *Halodeima atra* |
| | 棘辐肛参 | *Actinopyga echinites* |
| | 绿刺参 | *Stichopus chloronotus* |
| | 蛇目白尼参 | *Bohadschia argus* |
| | 图纹白尼参 | *B. marmorata* |
| | 黄疣海参 | *Holothuria hilla* |
| | 红腹海参 | *H. edulis* |
| | 玉足海参 | *H. leucospilota* |
| | 棕环参 | *H. fuscocinerea* |
| | 丑海参 | *H. impatiens* |
| 海胆 | 白棘三列海胆 | *Tripneustes gratilla* |
| | 斑蘑海胆 | *Pseudoboletia maculata* |
| | 刺冠海胆 | *Diadema setosum* |
| | 环刺棘海胆 | *Echinothrix calamaris* |
| | 喇叭毒棘海胆 | *Toxopneustes pileolus* |
| | 梅氏长海胆 | *Echinometra mathaei* |
| | 紫海胆 | *Anthocidaris crassispina* |
| 海星 | 蓝指海星 | *Linckia laevigata* |
| | 指海星 | *Linckia* sp. |
| | 面包海星 | *Culcita novaeguineae* |
| | 长棘海星 | *Acanthaster planci* |
| | 单鳃海星 | *Fromia* sp. |
| 砗磲 | 鳞砗磲 | *Tridacna squamosa* |
| | 砗蚝 | *Hippopus hippopus* |
| 海螺 | 海兔螺 | *Ovula ovum* |
| | 马蹄螺 | *Trochus maculates* |
| | 大马蹄螺 | *Tectus niloticus* |
| | 水字螺 | *Lambis chiragra* |
| | 节蝾螺 | *Turbo bruneus* |

续表

| 类别 | 中文名 | 拉丁文名 |
| --- | --- | --- |
| 海螺 | 小核果螺 | *Drupella* sp. |
|  | 红口螺 | *Strombus luhuanus* |
|  | 虎斑宝贝 | *Cypraea tigris* |

# 附录3　三亚蜈支洲岛鱼类种类名录

| 科 | 种 | 拉丁文名 |
| --- | --- | --- |
| 海鳝科 | 波纹裸胸鳝 | *Gymnothorax undulatus* |
| 狗母鱼科 | 杂斑狗母鱼 | *Synodus variegates* |
| 金鳞鱼科 | 点带棘鳞鱼 | *Sargocentron rubrum* |
|  | 条新东洋鳂 | *Neoniphon sammara* |
| 烟管鱼科 | 棘烟管鱼 | *Fistularia commersonii* |
| 玻甲鱼科 | 条纹虾鱼 | *Aeoliscus strigatus* |
| 鮨科 | 横纹九棘鲈 | *Cephalopholis boenack* |
|  | 玳瑁石斑鱼 | *Epinephelus quoyanus* |
| 拟雀鲷科 | 圆眼戴氏鱼 | *Labracinus cyclophthalmus* |
| 天竺鲷科 | 垂带天竺鲷 | *Apogon cathetogramma* |
|  | 库氏天竺鲷 | *A. cookii* |
|  | 金带天竺鲷 | *A. cyanosoma* |
|  | 九丝天竺鲷 | *A. novemfasciatus* |
|  | 五带巨牙天竺鲷 | *Cheilodipterus quinquelineatus* |
| 鲾科 | 黄斑鲾 | *Leiognathus bindus* |
| 裸颊鲷科 | 黑点裸颊鲷 | *Lethrinus harak* |
| 眶棘鲈科 | 齿颌眶棘鲈 | *Scolopsis ciliatus* |
| 羊鱼科 | 头须副绯鲤 | *Parupeneus ciliatus* |
|  | 二带副鲱鲤 | *P. crassilabris* |
|  | 印度副绯鲤 | *P. indicus* |
|  | 多带副绯鲤 | *P. multifasciatus* |
| 大眼鲳科 | 银大眼鲳 | *Monodactylus argenteus* |
| 蝴蝶鱼科 | 三带蝴蝶鱼 | *Chaetodon trifasciatus* |
|  | 丽蝴蝶鱼 | *C. wiebeli* |
| 刺盖鱼科 | 珠点刺尻鱼 | *Centropyge vroliki* |
| 䲟科 | 䲟 | *Echeneis naucrates* |
| 隆头鱼科 | 杂色尖嘴鱼 | *Gomphosus varius* |
|  | 新月锦鱼 | *Thalassoma lunare* |
|  | 纵纹锦鱼 | *T. quinquevittatum* |
|  | 鞍斑锦鱼 | *T. hardwicke* |

附录3　三亚蜈支洲岛鱼类种类名录

续表

| 科 | 种 | 拉丁文名 |
|---|---|---|
| 隆头鱼科 | 黑鳍粗唇鱼 | *Hemigymnus melapterus* |
| | 裂唇鱼 | *Labroides dimidiatus* |
| | 断纹紫胸鱼 | *Stethojulis terina* |
| | 圃海海猪鱼 | *Halichoeres hortulanus* |
| | 斑点海猪鱼 | *H. margaritaceus* |
| | 绿鳍海猪鱼 | *H. marginatus* |
| | 胸斑海猪鱼 | *H. melanochir* |
| | 绿尾唇鱼 | *Cheilinus chlorourus* |
| 鹦嘴鱼科 | 污色绿鹦嘴鱼 | *Chlorurus sordidus* |
| | 截尾鹦嘴鱼 | *Scarus rivulatus* |
| 雀鲷科 | 六带豆娘鱼 | *Abudefduf sexfasciatus* |
| | 五带豆娘鱼 | *A. vaigiensis* |
| | 库拉索凹牙豆娘鱼 | *Amblyglyphidodon curacao* |
| | 克氏双锯鱼 | *Amphiprion clarkii* |
| | 白条双锯鱼 | *A. frenatus* |
| | 黑带椒雀鲷 | *Plectroglyphidodon dickii* |
| | 眼斑椒雀鲷 | *P. lacrymatus* |
| | 黑眶锯雀鲷 | *Stegastes nigricans* |
| | 斑棘眶锯雀鲷 | *S. obreptus* |
| | 双斑光鳃鱼 | *Chromis margaritifer* |
| | 黄尾光鳃鱼 | *C. xanthura* |
| | 灰边宅泥鱼 | *Dascyllus marginatus* |
| | 网纹宅泥鱼 | *D. reticulatus* |
| | 金尾雀鲷 | *Pomacentrus chrysurus* |
| | 霓虹雀鲷 | *P. coelestis* |
| | 摩鹿加雀鲷 | *P. moluccensis* |
| | 长崎雀鲷 | *P. nagasakiensis* |
| | 王子雀鲷 | *P. vaiuli* |
| 拟鲈科 | 四棘拟鲈 | *Parapercis clathrata* |
| 三鳍鳚科 | 纵带弯线鳚 | *Helcogramma striata* |
| 鳚科 | 细纹凤鳚 | *Salarias fasciatus* |
| 刺尾鱼科 | 栉齿刺尾鱼 | *Ctenochaetus striatus* |
| | 双斑刺尾鱼 | *Acanthurus nigrofuscus* |
| | 突角鼻鱼 | *Naso annulatus* |

续表

| 科 | 种 | 拉丁文名 |
|---|---|---|
| 篮子鱼科 | 褐篮子鱼 | *Siganus fuscescens* |
| | 银色篮子鱼 | *S. argenteus* |
| 虾虎鱼科 | 华丽衔虾虎鱼 | *Istigobius decoratus* |
| 单角鲀科 | 前角鲀 | *Pervagor janthinosoma* |
| 箱鲀科 | 粒突箱鲀 | *Ostracion cubicus* |
| 鲀科 | 纹腹叉鼻鲀 | *Arothron hispidus* |
| 海龙科 | 红鳍冠海龙 | *Corythoichthys haematopterus* |
| 鲉科 | 花斑短鳍蓑鲉 | *Dendrochirus zebra* |
| 鳎科 | 眼斑豹鳎 | *Pardachirus pavoninus* |
| 鲻科 | 圆吻凡鲻 | *Valamugil seheli* |
| 笛鲷科 | 焦黄笛鲷 | *Lutjanus fulvus* |

# 附录4 三亚蜈支洲岛珊瑚种类图片

棘星珊瑚（*Acanthastrea echinata*）　　　　　　　*Acropora pinguis*

矛枝鹿角珊瑚（*Acropora aspera*）　　　　　　松枝鹿角珊瑚（*Acropora brueggemanni*）

花鹿角珊瑚（*Acropora florida*）　　　　　　　芽枝鹿角珊瑚（*Acropora gemmifera*）

赫氏鹿角珊瑚（*Acropora hemprichii*）

风信子鹿角珊瑚（*Acropora hyacinthus*）

多孔鹿角珊瑚（*Acropora millepora*）

巨锥鹿角珊瑚（*Acropora monticulosa*）

霜鹿角珊瑚（*Acropora pruinosa*）

壮实鹿角珊瑚（*Acropora robusta*）

## 附录4  三亚蜈支洲岛珊瑚种类图片

单独鹿角珊瑚（*Acropora solitaryensis*）

标准鹿角珊瑚（*Acropora spicifera*）

强壮鹿角珊瑚（*Acropora valida*）

小丛鹿角珊瑚（*Acropora verweyi*）

穴孔珊瑚（*Alveopora gigas*）

多星孔珊瑚（*Astreopora myriophthalma*）

星孔珊瑚（*Astreopora suggesta*）

马勒棘菊珊瑚（*Blastomussa merleti*）

叉干星珊瑚（*Caulastrea furcata*）

吞蚀筛珊瑚（*Coscinaraea exesa*）

锯齿刺星珊瑚（*Cyphastrea serrailia*）

同双星珊瑚（*Diploastrea heliopora*）

## 附录4　三亚蜈支洲岛珊瑚种类图片

多刺刺叶珊瑚（*Echinophyllia echinata*）

宝石刺孔珊瑚（*Echinopora gemmacea*）

肾形真叶珊瑚（*Euphyllia ancora*）

黄癣蜂巢珊瑚（*Favia favus*）

神龙岛蜂巢（*Favia lizardensis*）

圆纹蜂巢珊瑚（*Favia pallida*）

标准蜂巢珊瑚（*Favia speciosa*）

美龙氏蜂巢珊瑚（*Favia veroni*）

中国角蜂巢（*Favites chinensis*）

板叶角蜂巢珊瑚（*Favites complanata*）

石芝珊瑚（*Fungia cyclolites*）

稀杯盔形珊瑚（*Galaxea astreata*）

附录4 三亚蜈支洲岛珊瑚种类图片

丛生盔形珊瑚（*Galaxea fascicularis*）

加德纹珊瑚（*Gardineroseris planulata*）

梳状菊花珊瑚（*Goniastrea pectinata*）

网状菊花（*Goniastrea retiformis*）

柱角孔珊瑚（*Goniopora columna*）

角孔珊瑚（*Goniopora stokesi*）

腐蚀刺柄珊瑚（*Hydnophora exesa*）

小角刺柄珊瑚（*Hydnophora microconos*）

硬刺柄珊瑚（*Hydnophora rigida*）

白斑小星珊瑚（*Leptastrea pruinosa*）

紫小星珊瑚（*Leptastrea purpurea*）

石叶珊瑚（*Lithophyllon undulatum*）

## 附录4 三亚蜈支洲岛珊瑚种类图片

赫氏叶状珊瑚（*Lobophyillia hemprichii*）

褶曲叶状珊瑚（*Lobophyllia flabelliformis*）

阔裸肋珊瑚（*Merulina ampliata*）

粗裸肋珊瑚（*Merulina scabricula*）

板叶多孔螅珊瑚（*Millepora platyphylla*）

松枝多孔螅珊瑚（*Millepora tenera*）

大圆菊珊瑚（*Montastrea magnistellata*）

瘦叶蔷薇珊瑚（*Montipora aequituberculata*）

指状蔷薇珊瑚（*Montipora digitata*）

叶状蔷薇珊瑚（*Montipora foliosa*）

青灰蔷薇珊瑚（*Montipora grisea*）

变形蔷薇珊瑚（*Montipora informis*）

附录 4　三亚蜈支洲岛珊瑚种类图片

翼形蔷薇珊瑚（*Montipora peltiformis*）

截顶蔷薇珊瑚（*Montipora truncata*）

皱齿星珊瑚（*Oulastrea crispata*）

皱纹厚丝珊瑚（*Pachyseris rugosa*）

十字牡丹珊瑚（*Pavona decussata*）

尖边扁脑珊瑚（*Platygyra acuta*）

肉质扁脑珊瑚（*Platygyra carnosus*）

精巧扁脑珊瑚（*Platygyra daedalea*）

小扁脑珊瑚（*Platygyra pini*）

中华扁脑珊瑚（*Platygyra sinensis*）

小业扁脑珊瑚（*Platygyra verweyi*）

多孔同星珊瑚（*Plesiastrea versipora*）

附录4  三亚蜈支洲岛珊瑚种类图片

鹿角杯形珊瑚（*Pocillopora damicornis*）

埃氏杯形珊瑚（*Pocillopora eydouxi*）

多曲杯形珊瑚（*Pocillopora meandrina*）

疣状杯形珊瑚（*Pocillopora verrucosa*）

伍氏杯形珊瑚（*Pocillopora woodjonesi*）

壳形足柄珊瑚（*Podabacia crustacea*）

*Polyphyllia novaehiberniae*

多叶珊瑚（*Polyphyllia talpina*）

澳洲滨珊瑚（*Porites australiensis*）

细柱滨珊瑚（*Porites cylindrica*）

澄黄滨珊瑚（*Porites lutea*）

火焰滨珊瑚（*Porites rus*）

附录4　三亚蜈支洲岛珊瑚种类图片

毗邻沙珊瑚（*Psammocora contigua*）

健壮履形珊瑚（*Sandalolitha robusta*）

葶叶珊瑚（*Scapophyllia cylindrical*）

辐射合叶珊瑚（*Symphyllia radians*）

菌状合叶珊瑚（*Symphyllia agaricia*）

皱褶陀螺珊瑚（*Turbinaria mesenterina*）

盾形陀螺珊瑚（*Turbinaria peltata*）

小星陀螺珊瑚（*Turbinaria stellulata*）

# 附录 5　三亚蜈支洲岛大型无脊椎动物图片

砗蚝（*Hippopus hippopus*）

鳞砗磲（*Tridacna squamosa*）

斑锚参（*Synapta maculata*）

丑海参（*Holothuria impatiens*）

黑海参（*Halodeima atra*）

红腹海参（*Holothuria edulis*）

黄疣海参（*Holothuria hilla*）

棘辐肛参（*Actinopyga echinites*）

绿刺参（*Stichopus chloronotus*）

蛇目白尼参（*Bohadschia argus*）

图纹白尼参（*Bohadschia marmorata*）

玉足海参（*Holothuria leucospilota*）

附录 5　三亚蜈支洲岛大型无脊椎动物图片

棕环参（*Holothuria fuscocinerea*）

白棘三列海胆（*Tripneustes gratilla*）

斑蘑海胆（*Pseudoboletia maculata*）

刺冠海胆（*Diadema setosum*）

环刺棘海胆（*Echinothrix calamaris*）

喇叭毒棘海胆（*Toxopneustes pileolus*）

梅氏长海胆（*Echinometra mathaei*）

紫海胆（*Anthocidaris crassispina*）

单鳃海星（*Fromia* sp.）

蓝指海星（*Linckia laevigata*）

面包海星（*Culcita novaeguineae*）

长棘海星（*Acanthaster planci*）

## 附录 5　三亚蜈支洲岛大型无脊椎动物图片

指海星（*Linckia* sp.）

大马蹄螺（*Tectus niloticus*）

海兔螺（*Ovula ovum*）

红口螺（*Strombus luhuanus*）

虎斑宝贝（*Cypraea tigris*）

节蝾螺（*Turbo bruneus*）

马蹄螺(*Trochus maculates*)

水字螺(*Lambis chiragra*)

小核果螺(*Drupella* sp.)

# 附录6　三亚蜈支洲岛鱼类（部分）图片

六带豆娘鱼（*Abudefduf sexfasciatus*）

五带豆娘鱼（*Abudefduf vaigiensis*）

克氏双锯鱼（*Amphiprion clarkii*）

纹腹叉鼻鲀（*Arothron hispidus*）

丽蝴蝶鱼（*Chaetodon wiebeli*）

绿尾唇鱼（*Cheilinus chlorourus*）

红鳍冠海龙（*Corythoichthys haematopterus*）

网纹宅泥鱼（*Dascyllus reticulatus*）

花斑短鳍蓑鲉（*Dendrochirus zebra*）

䲟（*Echeneis maucrates*）

玳瑁石斑鱼（*Epinephelus quoyanus*）

棘烟管鱼（*Fistularia commersonii*）

## 附录6　三亚蜈支洲岛鱼类（部分）图片

波纹裸胸鳝（*Gymnothorax undulatus*）

焦黄笛鲷（*Lutjanus fulvus*）

银大眼鲳（*Monodactylus argenteus*）

粒突箱鲀（*Ostracion cubicus*）

眼斑豹鳎（*Pardachirus pavoninus*）

截尾鹦嘴鱼（*Scarus rivulatus*）

齿颌眶棘鲈（*Scolopsis ciliatus*）

褐篮子鱼（*Siganus fuscescens*）

鞍斑锦鱼（*Thalassoma hardwicke*）

圆吻凡鲻（*Valamugil seheli*）

# 彩　图

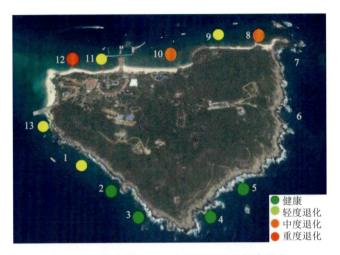

图 3-32　蜈支洲岛 3 m 水深珊瑚礁的健康状态

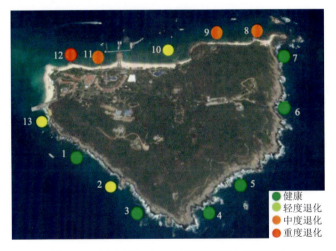

图 3-33　蜈支洲岛 8 m 水深珊瑚礁的健康状态

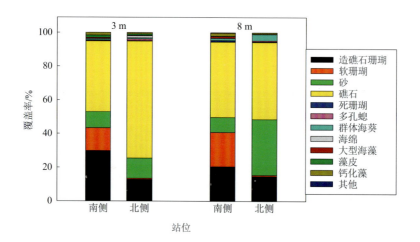

图 4-3 蜈支洲岛不同区域珊瑚礁底质类型组成

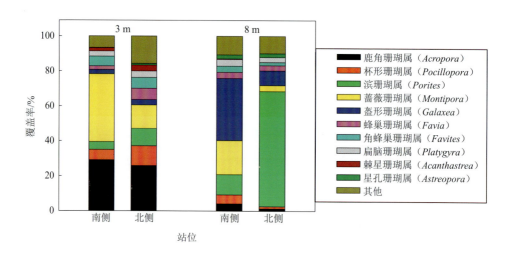

图 4-4 蜈支洲岛不同区域造礁石珊瑚覆盖率

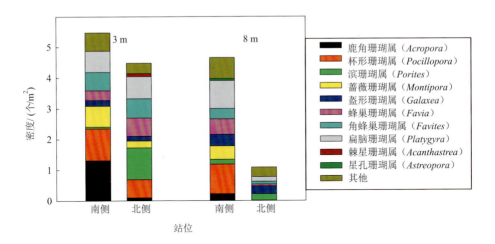

图 4-5 蜈支洲岛不同区域造礁石珊瑚幼体组成

图 5-3 蜈支洲岛珊瑚礁的修复效果